高等院校计算机**基础课程**新形态系列

王正 包琼 李凌春◎主编　邓沌华 邓伟萍 严冰 平萍◎副主编

Python 程序设计实验指导

人民邮电出版社
北京

图书在版编目（CIP）数据

Python 程序设计实验指导 / 王正，包琼，李凌春主编. -- 北京 : 人民邮电出版社，2025. --（高等院校计算机基础课程新形态系列）. -- ISBN 978-7-115-65994-1

Ⅰ. TP312.8

中国国家版本馆 CIP 数据核字第 2025MV8683 号

内 容 提 要

本书是一本面向 Python 语言初学者的实验教材，旨在通过一系列精心设计的实验，帮助读者系统掌握 Python 编程的基础知识和实践技能。实验内容涵盖 Python 开发环境搭建、基本数据类型、程序流程控制、字符串操作、组合数据类型应用、函数定义与调用、数据库编程基础，以及数据分析与可视化等核心主题，通过实际操作提高读者的编程能力，从而强化读者对 Python 语法的理解和掌握。

本书适合作为高等院校计算机及相关专业的教材，也适合对 Python 编程感兴趣的自学者和希望进一步提高 Python 编程能力的读者。无论是编程新手还是希望深入探索 Python 世界的进阶者，都能从本书中获益。

◆ 主　　编　王　正　包　琼　李凌春
　副 主 编　邓沌华　邓伟萍　严　冰　平　萍
　责任编辑　许金霞
　责任印制　陈　犇

◆ 人民邮电出版社出版发行　　北京市丰台区成寿寺路 11 号
　邮编　100164　　电子邮件　315@ptpress.com.cn
　网址　https://www.ptpress.com.cn
　三河市中晟雅豪印务有限公司印刷

◆ 开本：787×1092　1/16
　印张：7.25　　2025 年 1 月第 1 版
　字数：142 千字　　2025 年 3 月河北第 2 次印刷

定价：36.00 元

读者服务热线：(010)81055256　印装质量热线：(010)81055316
反盗版热线：(010)81055315

启程 Python 编程实践之旅

在信息洪流涌动的今天，Python 被誉为“胶水语言”的编程巨匠，以其优雅、简洁、强大的特性，在全球编程舞台上熠熠生辉。从数据科学的深邃海洋到人工智能的广阔天地，从 Web 开发的绚烂舞台到物联网技术的坚实基石，Python 的身影无处不在，它如同一把万能钥匙，为我们打开了通往数字世界的大门。

正是基于 Python 的无限魅力与广泛应用，我们精心编纂了本书。它不仅是一本教材，更是一次引领你深入 Python 编程世界的探险之旅，一场激发你编程潜能的创意盛宴。

旅程的第一站，我们将带你熟悉 Python 的“家”——开发环境。从安装 Python 解释器，到配置集成开发环境（IDLE），再到运行你的第一个 Python 程序，我们将手把手教你搭建起属于自己的 Python 编程乐园。

紧接着，我们将启程探索 Python 的核心奥秘——基本数据类型、程序流程控制、字符串、组合数据类型。在这里，你将学会如何定义变量、操作数据、控制程序流程、处理文本信息以及构建复杂的数据结构。这些基础知识将为你后续的探索奠定坚实的基础。

随着旅程的深入，我们将带你领略 Python 函数的无限魅力。Python 函数如同编程世界中的“魔法盒”，能够封装代码、复用逻辑、提高效率。通过本书，你将学会如何定义函数、调用函数、传递参数以及处理返回值，让你的代码更加简洁、高效、易于维护。

随后，我们将踏入数据库编程的殿堂。通过 Python 与数据库的亲密接触，你将学会如何存储、检索、管理数据，让数据成为你编程旅途中的得力助手。

最后，我们将带你遨游数据分析与可视化的奇妙世界。利用 Python 强大的数据分析库和可视化工具，你将学会如何挖掘数据的价值、揭示数据的规律、呈现数据的魅力。这一站将是你编程体验中的巅峰，你将感受到 Python 在数据科学领域的无限潜力。

在这本书中，我们不仅为你提供了丰富的实验内容和练习题，还为你准备了详细的步骤说明、参考代码。我们鼓励你在实验过程中大胆尝试、勇于创新，不断挑战自己的编程极限。

无论你是编程新手，还是希望进一步提高 Python 编程技能的进阶者，我们都希望这本书成为你的良师益友。我们相信，通过对这本书的学习和实践，你将能够掌握 Python 编程的核心技能，开启属于自己的编程之旅。

最后，感谢所有为这本书付出辛勤努力的作者、编辑和校对人员。

编者

2024 年 11 月

目录

Contents

实验一 Python 开发环境

【实验目的】

1. 掌握 Python 程序的运行方式。
2. 熟悉 Python 程序的调试。

【实验准备】

完成主教材第 1 章内容的学习，完成 Python IDLE 搭建。

【实验内容】

1. Python 程序的命令行运行方式。
2. Python 程序的脚本运行方式。
3. Python 程序的调试。

【实验步骤】

1. 以 Python 命令行方式打印出：HELLO!

步骤 1： 从“开始”菜单启动 Python 3.10 IDLE，即选择“Python 3.10”→“IDLE”选项，如图 1-1 所示。

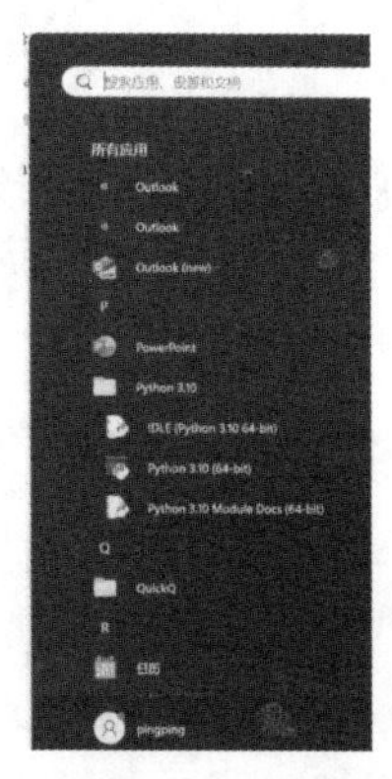

图 1-1　启动 Python 3.10 IDLE

步骤 2：打开 IDLE Shell 窗口，如图 1-2 所示。

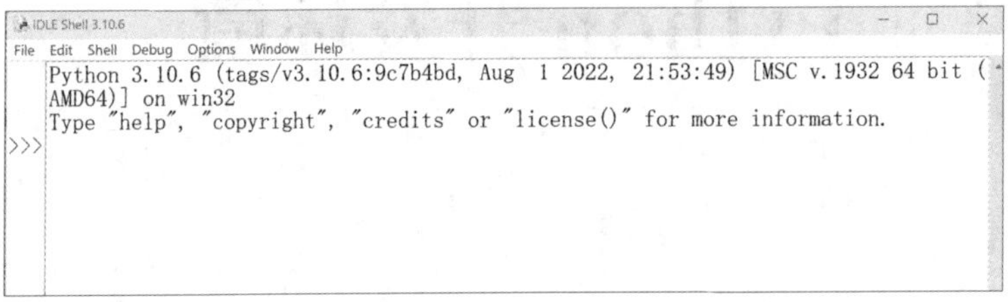

```
IDLE Shell 3.10.6
File  Edit  Shell  Debug  Options  Window  Help
Python 3.10.6 (tags/v3.10.6:9c7b4bd, Aug  1 2022, 21:53:49) [MSC v.1932 64 bit (
AMD64)] on win32
Type "help", "copyright", "credits" or "license()" for more information.
>>>
```

图 1-2　IDLE Shell 窗口

在“>>>”符号后输入代码，如图 1-3 所示。

```
>>> print("HELLO!")
```

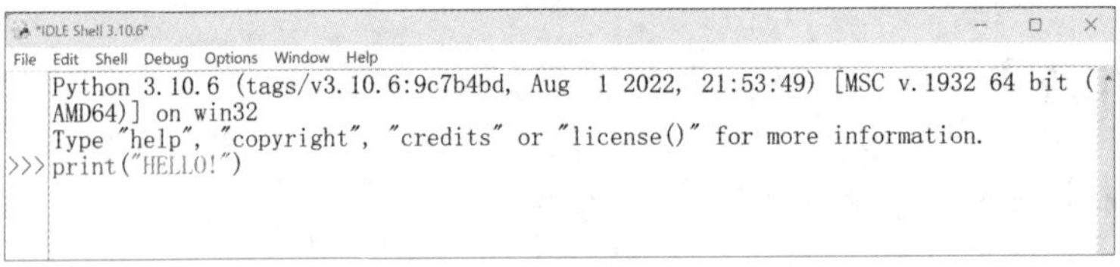

```
*IDLE Shell 3.10.6*
File  Edit  Shell  Debug  Options  Window  Help
Python 3.10.6 (tags/v3.10.6:9c7b4bd, Aug  1 2022, 21:53:49) [MSC v.1932 64 bit (
AMD64)] on win32
Type "help", "copyright", "credits" or "license()" for more information.
>>> print("HELLO!")
```

图 1-3　输入代码

步骤 3：输入代码之后按“Enter”键，可得到运行结果，如图 1-4 所示。

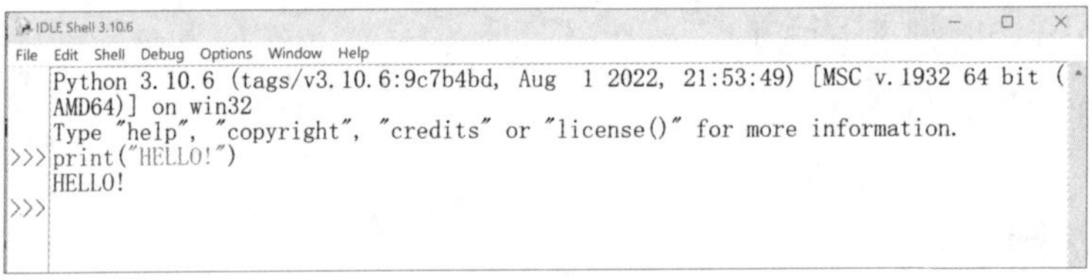

```
IDLE Shell 3.10.6
File  Edit  Shell  Debug  Options  Window  Help
Python 3.10.6 (tags/v3.10.6:9c7b4bd, Aug  1 2022, 21:53:49) [MSC v.1932 64 bit (
AMD64)] on win32
Type "help", "copyright", "credits" or "license()" for more information.
>>> print("HELLO!")
HELLO!
>>>
```

图 1-4　IDLE 交互式代码运行结果

2．以 Python 脚本方式打印出：Hello World

虽然可以在 IDLE Shell 窗口中进行实验性的编码，交互式运行代码，但为了开发更复杂的程序，您可能会希望创建一个 Python 脚本。通过脚本方式运行代码的过程如图 1-5 所示。

步骤 1：在 IDLE 中，选择文件菜单中的“New File”选项。

步骤 2：打开一个空白的编辑器窗口，您可以在其中编写如下 Python 代码：

```
print("Hello World")
```

选择文件菜单中的“Save”或“Save As”选项，以命名并保存脚本。通常文件名以 .py 结尾。

步骤3：运行 Python 脚本。确保编辑器窗口是活动窗口；选择“Run”→“Run Module”选项或者按“F5”键，Python 的 IDLE Shell 窗口将会显示脚本的输出。

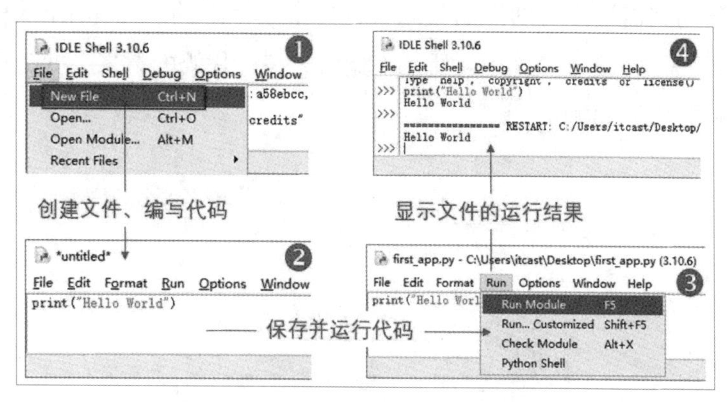

图 1-5　Python 脚本方式运行代码过程

3. Python 程序的调试

在软件开发过程中，总免不了各种错误，其中既有语法方面的，也有逻辑方面的。对于语法错误，Python 解释器能很容易地检测出来，从而停止程序的运行并给出错误提示。对于逻辑错误，解释器就鞭长莫及了，这时程序会一直执行下去，但是得到的运行结果却是错误的。所以，我们常常需要对程序进行调试。

步骤1：打开调试开关。

在 IDLE Shell 窗口中选择“Debug”选项，然后选择“Debugger”选项，如图 1-6 中①所示。此时，IDLE Shell 窗口会显示“[DEBUG ON]”，表示调试模式已开启，如图 1-6 中②所示，同时会弹出图 1-6 中③所示的 Debug Control 窗口。

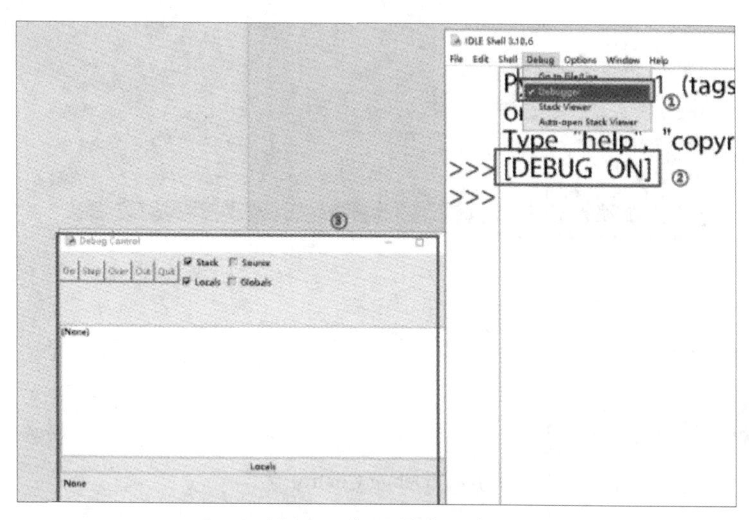

图 1-6　打开调试开关

步骤 2：设置断点。

在 IDLE Shell 窗口中，选择“File”→“Open”选项，加载需要调试的 Python 程序。然后，将光标移动到需要设置断点的代码行，单击鼠标右键并在弹出的快捷菜单中选择“Set Breakpoint”选项，如图 1-7 中①所示。此时，该行代码的背景会变为黄色，如图 1-7 中②所示，表示断点设置成功。

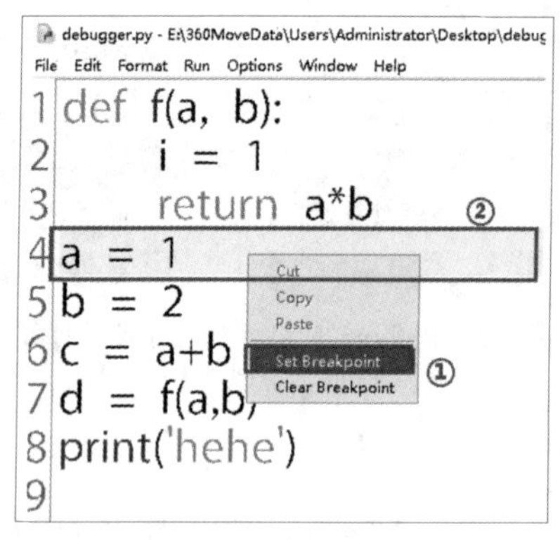

图 1-7 设置断点

步骤 3：激活 Debug Control 窗口。

在代码界面按“F5”键运行程序，此时 Debug Control 窗口被激活，如图 1-8 所示。图 1-8 中①指示当前调试位置所在的代码行，“line 1”表示正在调试第 1 行代码；选中图 1-8 ②中的“Globals”复选框，可以查看程序中的全局变量；图 1-8 ③中的按钮用于控制调试流程，“Go”表示程序运行到下一个断点；“Step”用于进入函数内部逐步调试；“Over”进行单步执行但不进入函数内部；“Out”则是在函数内调试时跳出函数；“Quit”用于结束调试。

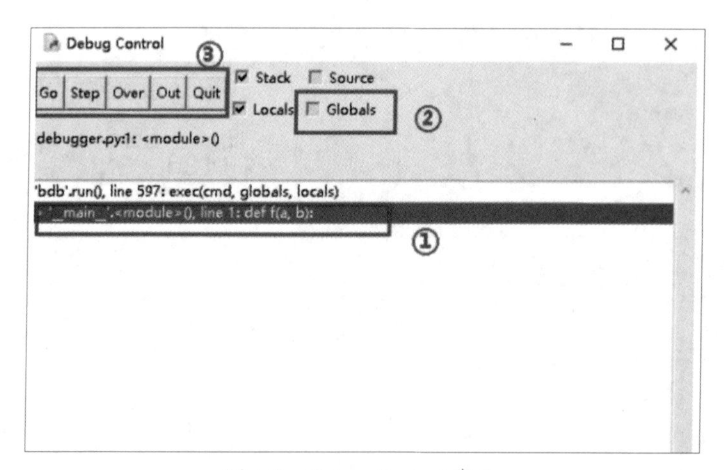

图 1-8 Debug Control 窗口

步骤 4：调试命令。

单击图 1-8 ③中的“Over”按钮，开始单步调试，此时在 Debug Control 窗口中的“Locals”区域会显示当前程序的变量值，如图 1-9 中①所示。当程序执行到调用函数 f() 的那一行时，如图 1-9 中②所示，单击“Step”按钮，进入函数内部进行调试。

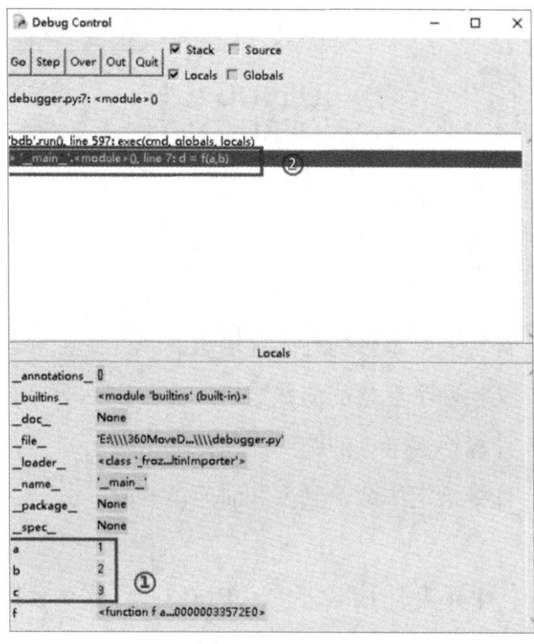

图 1-9　调试命令

进入函数 f() 后，继续单击“Over”按钮，在函数内部进行单步调试。图 1-10 中①所示为函数 f() 内部的局部变量，图 1-10 中②所示为当前调试正在函数内部进行。

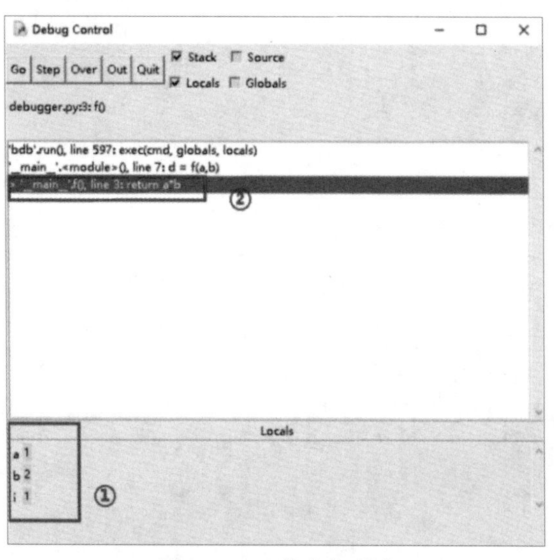

图 1-10　函数内部调试

单击“Out”按钮以跳出函数，然后单击“Over”按钮，直到程序执行结束。此时，上述 5 个调试按钮将不可用。

步骤 5：关闭调试。

关闭 Debug Control 窗口后，在 IDLE Shell 中将显示“[DEBUG OFF]”，如图 1-11 所示，表示调试模式已关闭。

图 1-11　关闭调试

【实验作业】

1. 编写一个程序，计算一个整数的平方并输出。
2. 编写一个程序，交换两个变量的值并输出。
3. 编写一个程序，计算给定半径的圆的面积并输出。公式为：$S=\pi r^2$。
4. 编写一个程序，计算给定本金、利率和时间的利息。公式为：利息 = 本金 × 利率 × 时间。
5. 编写一个程序，计算身体质量指数（BMI）。公式为：BMI= 体重（kg）/ 身高（m）^{2}。

【实验作业参考答案】

1. 参考代码

```
num = 5
square = num ** 2
print(square)
```

2. 参考代码

```
a = 10
b = 20
a, b = b, a
print("a:", a)
print("b:", b)
```

3. 参考代码

```
import math
radius = 5
area = math.pi * (radius ** 2)
print(area)
```

4. 参考代码

```
principal = 1000
rate = 0.05
time = 3
interest = principal * rate * time
print(interest)
```

5. 参考代码

```
weight = 70
height = 1.75
bmi = weight / (height ** 2)
print(bmi)
```

实验二 基本数据类型

【实验目的】

1. 掌握基本数据类型的表示。
2. 掌握表达式的运算。
3. 掌握函数的使用方法。
4. 掌握基本命令的表达。
5. 掌握基本程序语句的表达。
6. 掌握格式化输入输出控制。

【实验准备】

完成主教材第 2 章内容的学习，掌握数值型、字符串、布尔类型、复合数据类型的基本概念，了解表达式的构成方式与计算规则，能理解与应用常用函数，掌握输入输出的格式化控制。

【实验内容】

1. 数值类型与运算。
2. 计算表达式。
3. 进制转换。
4. 输入输出控制。
5. 基本应用。

【实验步骤】

1. 数据类型与运算

```
>>> type(60)            # 查看整数的数据类型
<class 'int'>
>>> type(15.6)          # 查看实数的数据类型
```

```
<class 'float'>
>>> type(True)          # 查看布尔常量的数据类型
<class 'bool'>
>>>type('sunny')        # 查看字符串的数据类型
<class 'str'>
>>>type(7+5j)           # 查看复数的数据类型
<class 'complex'>

>>>123**100
# 了解整数没有取值范围限制 4909093465297726553095771954986275642975215512499
4495651115491171871052547217158564600978840373319522771835715651318785131679
1861042471890280751482410896345225310546445986192853894181098439730703830718994140625
>>> 0b1101          # 二进制表示，输出为十进制
13
>>> 0o1101          # 八进制表示，输出为十进制
577
>>>0x1101           # 十六进制表示，输出为十进制
4353

>>5+True            # 布尔常量作为数字参与运算
6
>> 5+False
5

>>> 12.5**400       # 浮点数有取值范围，超出时产生 OverflowError 错误（溢出错误）
Traceback (most recent call last):
  File "<pyshell#8>", line 1, in <module>
    12.5**400
OverflowError: (34, 'Result too large')
>>> 0.7+0.7+0.7 # 浮点数不能执行精确运算，结果不等于 2.1
2.0999999999999996
>>> (6+5.7j).real  # 获取复数的实部，均是浮点数
6.0
>>>(6+5.7j).imag   # 获取复数的虚部，均是浮点数
5.7

>>> 7%2,7%-2,-7%2,-7%-2    # 求余数，余数符号与除数符号一致
 (1, -1, 1,-1)
```

```
>>> 9/3                    # “/” 运算的结果为浮点数
3.0
>>> 9//2                   # 两个整数的“//”运算结果为整数，截断取整
4
>>> 9.0//2                 # 有一个操作数为浮点数时，“//”运算结果为浮点数
4.0

>>>3*5>10-3                # 先计算算数表达式，再比较大小
True
>>>5>8 or 7<19             # 逻辑或运算，左右两端的式子满足其一即为真值
True
>>>not 7>9                 # 逻辑非运算，对逻辑值进行取反操作
True
>>>13.5>2*6 and 9>4*3      # 逻辑与运算，左右两端的式子必须同时满足结果才为真值
False
>>>7<9 and 9>8             # 逻辑与运算
True
>>>7<9>8                   # 比较运算符可以连写，表示逻辑与的含义，等同前者
True
>>>10<13<16                # 等同 10<13 and 13<16
True
>>>5-3<3*4<10-1                # 先运算再比较
False
>>> divmod(177,6)              # 返回商和余数
(29, 3)

>>> import math                # 导入 math 模块，后续要用，只需要导入一次
>>> math.pi                    # 数学常量 π
3.141592653589793
>>> math.e                     # 数学常量 e
2.718281828459045
>>> math.ceil(5.7)             # 返回不小于 5.7 的最小整数
6
>>> math.ceil(-5.7)            # 返回不小于 -5.7 的最小整数
-5
>>> math.floor(5.7)            # 返回不大于 5.7 的最大整数
5
>>> math.floor(-5.7)           # 返回不大于 -5.7 的最大整数
-6
```

2. 计算表达式

请在 IDLE 环境中计算下列数学表达式的值。

① $x1 = \dfrac{8 \times 5 - 7 \times 2}{30 - \dfrac{8-4}{2 \times 3}}$

② $x2 = \dfrac{6^3 + 5 \times 7}{25 + 6 \times 3}$

③ $x3 = (4.7 + 5.2\mathrm{i}) \times (5 - 2.5\mathrm{i})$

④ $x4 = \sin 60^\circ + \cos 45^\circ$

⑤ $x5 = \dfrac{3}{8} \times \ln\left(45 + \sqrt[3]{\dfrac{1+\mathrm{e}^2}{6}}\right)$

分析：可以将 Python 解释器看成一个科学计算器，直接在其命令提示符“>>>”后按 Python 的语法格式要求输入上述各题的表达式，即可得到各表达式的计算结果。

提示：

① 因 Python 程序源代码是纯文本格式，源代码中的数学表达式不能以题目中的分数形式表达，所以要注意数学表达式的表达方式，如分数、指数、下标等。

② Python 可以直接处理复数，要注意的是，虚数单位是 j，而不是 i。

③ Python 常用的数学函数在 math 模块中，使用前必须先导入。

④ 注意 Python 中 math 模块中的三角函数的参数值是以弧度为单位的。

⑤ Python 的 math 模块已经定义了圆周率常量 π 的值，可以直接使用。

⑥ 数学中 ln 表示以自然数 e 为底的对数，要注意 Python 中对应函数的名称是 log，同时自然数 e 也有已经定义好的对应常量。要注意的是，虽然 Python 中大多数常用数学函数名与习惯上的数学函数名相同，但还是有一些不一致的，需特别留意。

启动 IDLE Shell 后，按题目要求输入表达式，可得到计算结果，如下所示。

```
>>>x1=(8*5-7*2)/(30-(8-4)/(2*3))
>>>x1
0.8863636363636364
>>>x2=(6**3+5*7)/(25+6*3)
>>>x2
5.837209302325581
```

```
>>>x3=(4.7+5.2j)*(5-2.5j)
>>>x3
(36.5+14.25j)
>>>import math
>>>x4=math.sin(60*math.pi/180)+math.cos(45*math.pi/180)
>>>x4
1.5731321849709863
>>>x5=3/8*math.log(45+pow((1+math.e**2)/6,1/3))
>>>x5
1.4367028983758354
```

3．进制转换

求十进制整数237的二进制数、八进制数、十六进制数。

分析：分别调用内置函数bin()、oct()和hex()，求整数的二进制数、八进制数和十六进制数。启动IDLE Shell后，输入以下表达式：

```
>>>m=237
>>>bin(m)
'0b11101101'
>>>oct(m)
'0o355'
>>>hex(m)
'0xed'
```

4．输入输出控制

（1）给一个整型变量number赋值为110，给一个字符串类型变量university赋值为“知名大学”。参考代码如下。

```
>>> number =110
>>> university="知名大学"
```

（2）给a、b和c三个变量同时赋值为100。参考代码如下。

```
>>>a=b=c=100
```

（3）使用一个print()函数输出两行文字。参考代码如下。

```
>>> print("你好！ \n欢迎学习！ ")
```

（4）把浮点数25.4转换成整数，再转换成一个字符串输出。参考代码如下。

```
>>> float_num =25.4
```

```
>>> int_num = int(float_num)
>>> str_num = str(int_num)
>>> print(str_num)
```

（5）从键盘输入一个整数，赋值给一个整型变量a，然后把a被3整除的结果赋值给a，输出结果。参考代码如下。

```
>>> a = int(input("请输入一个整数:"))
>>>a = a //3
>>> print (a)
```

（6）在一行代码中使用分号分隔两个 print() 函数，使用第 1 个 print() 函数输出“湖北”，再使用第 2 个 print() 函数输出“大学”，并且让“湖北大学”4 个字显示在同一行。参考代码如下。

```
>>> print("湖北",end=''); print("大学")
```

（7）定义一个字符串类型变量 name ='小明'，整型变量 age=18，使用 print() 函数和 % 进行格式化输出，输出结果为“小明的年龄是 18 岁”。参考代码如下。

```
>>> name ='小明'
>>> age = 18
>>>print('%s 的年龄是 %d 岁'%(name,age))
```

（8）定义一个字符串类型变量 name='小明'，整型变量 age=18，使用 print() 函数和 format 格式化字符串进行输出，输出结果为“小明的年龄是 18 岁”。参考代码如下。

```
>>> name ='小明'
>>> age = 18
>>>print('{:s} 的年龄是 {:d} 岁'.format(name,age))
```

5. 基本应用

注意：本小节的实验内容是程序方式，不是命令方式，以下例题均需要打开程序窗口完成。方法是：首先执行“File”→“New File”命令，在打开的窗口中输入代码；然后执行“File”→“Save”命令，保存程序文件至 D 盘的个人工作目录下；最后执行“Run”→“Run Module”命令，查看执行结果。

（1）编写程序，输入小时、分钟、秒钟的数值，将其转化成总秒数输出。

分析：可先设 3 个变量 hh、mm 和 ss 分别保存输入的小时、分钟和秒钟的数值，设置变量 seconds 保存计算的总秒数，可利用公式 $seconds=hh\times 60^2+mm\times 60+ss$ 进行计算。

在程序窗口可顶行写出以下代码，每行代码前面不需要空格。参考代码如下。

```
# 编写程序，由输入小时、分、秒值，将其转化成总秒数输出。
hh=input('请输入小时数:')
mm=input('请输入分钟数:')
ss=input('请输入秒钟数:')
seconds=int(hh)*60*60+int(mm)*60+int(ss)
print(hh+'小时'+mm+'分钟'+ss+'秒共有'+str(seconds)+'秒!')
```

运行结果如下：

```
请输入小时数:5
请输入分钟数:3
请输入秒钟数:23
5小时3分钟23秒共有18203秒!
```

注意：int() 和 str() 函数的使用。没有它们可以吗？可不可以放在其他的位置而有同样的效果？

（2）编写程序，已知 a=4，b=5，c=6，求以 a，b，c 为边长的三角形的面积并输出。

提示：三角形面积 $\text{area}=\sqrt{s(s-a)(s-b)(s-c)}$，其中 $s=\dfrac{a+b+c}{2}$。

在程序窗口可顶行写出以下代码，每行代码前面不需要空格。参考代码如下。

```
# 编写程序，求已知三角形面积
import math
a=4
b=5
c=6
s=(a+b+c)/2
area=math.sqrt(s*(s-a)*(s-b)*(s-c))
print('以{},{},{}为三边的三角形面积是{:.2f}'.format(a,b,c,area))
```

运行结果如下：

```
以4,5,6为三边的三角形面积是9.92
```

（3）编写程序，输入 3 个整数给 x，y，z，然后交换数值，把原来 x 的值赋值给 y，把原来 y 的值赋值给 z，把原来 z 的值赋值给 x，然后输出 x，y 和 z。

提示：Python 中数值的交换，可以在赋值时，直接在对应位置写上新的值完成交换。

在程序窗口可顶行写出以下代码，每行代码前面不需要空格。参考代码如下。

```
# 编写程序，将 x,y,z 依次交换
x=input('请输入整数 x:')
y=input('请输入整数 y:')
z=input('请输入整数 z:')
x,y,z=z,x,y
print('交换后的 x={},y={},z={}'.format(x,y,z))
```

运行结果如下：

```
请输入整数 x:10
请输入整数 y:55
请输入整数 z:78
交换后的 x=78,y=10,z=55
```

（4）生成 [1,100] 的随机浮点数，并保留 2 位小数；生成 [1,100] 的随机整数。

提示：可以运用 random 模块中的 uniform() 函数获得随机浮点数，运行 randint() 函数获得随机整数。

在程序窗口可顶行写出以下代码，每行代码前面不需要空格。参考代码如下。

```
# 编写程序，生成随机浮点数和随机整数
import random
x=round(random.uniform(1, 100),2)
y=random.randint(1,100)
print('随机浮点数是 %.2f，随机整数是 %d'%(x,y))
```

运行结果如下：

```
随机浮点数是 8.12，随机整数是 12
```

（5）请输入一个三位整数，将该数的百位与个位交换，生成一个新的三位整数并输出。

提示：可以分别求出该三位数的百位、十位、个位数后，再计算得到新的数。

在程序窗口可顶行写出以下代码，每行代码前面不需要空格。参考代码如下。

```
n=int(input('请输入一个三位整数：'))
x=n//100     # 求百位数
y=n//10%10   # 求十位数
z=n%10       # 求个位数
m=z*100+y*10+x
print('{}交换百位与个位后的数是{}'.format(n,m))
```

运行结果如下：

```
请输入一个三位整数：573
573 交换百位与个位后的数是 375
```

【实验作业】

1. 请在 IDLE 环境中计算和显示变量 a、b、c、d、e 的值。

① $a = -3\times 8 + e^2$

② $b = (120 \div 6 - 5e^2 \times 4) \div 2$

③ $c = \sin 60° + 2\cos 45°$

④ $d = 3\sqrt{90e} \div \ln 10$

⑤ $e = |-30\lg 100| + \sqrt{|100 - 4!|}$

2. 输入一个不大于 255 的正整数，输出其 8 位二进制、八进制和十六进制编码。示例运行结果如下。

```
请输入一个不大于 255 的正整数：23
二进制：00010111
八进制：0o27
十六进制：0x17
```

3. 输入圆的半径（整数），要求输出圆的面积与体积，结果保留 2 位小数。示例运行结果如下。

```
请输入圆的半径（整数）：10
圆面积是 314.16，圆体积是 4188.79
```

4. 某位用户在银行里存了一笔定期存款，本金 10 万元，年利率是 3%，存期 5 年。在已知复利的计算公式是$v = b(1+r)^n$，其中b是本金，r是年利率，n是存期，v是复利。请计算该用户 5 年存期后获得的复利是多少？结果保留 2 位小数。

5. 已知重力加速度$g = 9.8\text{m/s}^2$，自由落体的位移公式是$s = \frac{1}{2}gt^2$。设有一个小铁球从高空自由下落，初始速度为 0，在不考虑小球初始高度与空气阻力的情况下，计算小球下落 5s 后共下降了多少米？

【实验作业参考答案】

1. 参考代码

```
>>>a=-3*8+(math.e)**2
>>>a
-16.61094390106935
>>>b=(120/6-5*pow(math.e,2)*4)/2
>>>b
-63.89056098930649
>>>c=math.sin(math.radians(60))+2*math.cos(math.radians(45))
>>>c
2.2802389661575337
>>>d=3*math.sqrt(90*math.e)/math.log(10,math.e)
>>>d
20.378586712120384
>>>e=abs(-30*math.log(100,10))+math.sqrt(abs(100-math.factorial(4)))
>>>e
68.71779788708135
```

2. 参考代码

```
n=int(input("请输入一个不大于 255 的正整数:"))
x=bin(n)
y=oct(n)
z=hex(n)
print('二进制:',x)
print('八进制:',y)
print('十六进制:',z)
```

3. 参考代码

```
import math
r=int(input("请输入圆的半径(整数):"))
s=math.pi*r**2
v=4/3*math.pi*r**3
print('圆面积是{:.2f},圆体积是{:.2f}'.format(s,v))
```

4. 参考代码

```
b=100000
r=0.03
```

```
n=5
v=b*(1+r)**n
print('5 年存期后获得的复利是 {:.2f} 元 '.format(v))
```

5. 参考代码

```
g=9.8
t=5
s=1/2*g*t**2
print(' 小球下落 5s 后共下降了 {:.0f} 米 '.format(s))
```

实验三 程序流程控制

【实验目的】

1. 掌握 Python 中的标准化输入输出语句。
2. 熟悉 Python 顺序结构程序设计。
3. 掌握 Python 各种形式条件表达式。
4. 掌握 Python 单分支选择结构、多分支选择结构程序设计及应用。
5. 掌握 Python 常见循环结构程序设计及应用。
6. 熟练应用 Python 各种流程控制。

【实验准备】

完成主教材第 3 章内容的学习，掌握 Python 标准化输入输出语句、Python 基本顺序结构程序设计，掌握单分支选择结构、多分支选择结构及选择结构嵌套程序设计，掌握 while、for 循环结构程序设计及其 break、continue 语句的使用方法，了解各种程序流程控制结构及其嵌套使用方法。

【实验内容】

1. 标准化输入输出语句。
2. 顺序结构程序设计。
3. 各种形式条件表达式的使用。
4. 单分支选择结构程序设计。
5. 多分支选择结构程序设计。
6. 选择结构的嵌套。
7. 循环结构程序设计（while）。
8. 循环结构程序设计（for）。
9. 流程控制综合程序设计。

【实验步骤】

1．标准化输入输出语句

步骤 1：从“开始”菜单启动 Python 3.10 IDLE。

步骤 2：在 Python 3.10 的 IDLE Shell 中，输入并执行如下标准化输入输出代码（各输入变量的具体值可根据个人情况不同），并注意观察相应结果。

```
# 使用标准化输入录入某大学生的个人信息
>>> name = input("请输入您的姓名：")
    请输入您的姓名：王学程
>>> major = input("请输入您的专业：")
    请输入您的专业：软件工程
>>> age = int(input("请输入您的年龄："))
    请输入您的年龄：20
>>> ywScore,sxScore = eval(input("输入您的语文，数学成绩(例如83.5,92): "))
    输入您的语文，数学成绩(例如83.5,92): 88,91.5

# 使用标准化输出显示各个变量值，并用合理字符串连接
>>> print("姓名:",name," 专业:",major," 年龄:",age,sep="")
    姓名:王学程 专业:软件工程 年龄:20
>>> print("***语文成绩:",ywScore,"***数学成绩:",sxScore,sep="",end="***")
    ***语文成绩:88***数学成绩:91.5***
```

2．顺序结构程序设计

编写 Python 源程序，把第一项实验内容中的所有交互式语句采用顺序结构保存到磁盘中，即使用标准化输入录入某个学生的姓名、专业、年龄以及语文、数学成绩，再使用标准化输出语句在控制台显示出来。

步骤 1：在 Python 3.10 的 IDLE Shell 中，执行“File”→“New File”命令，在打开的窗口中输入图 3-1 所示的代码，然后执行“File”→“Save”命令，以文件名“3-2 顺序结构程序 .py”保存在 D 盘根目录下。

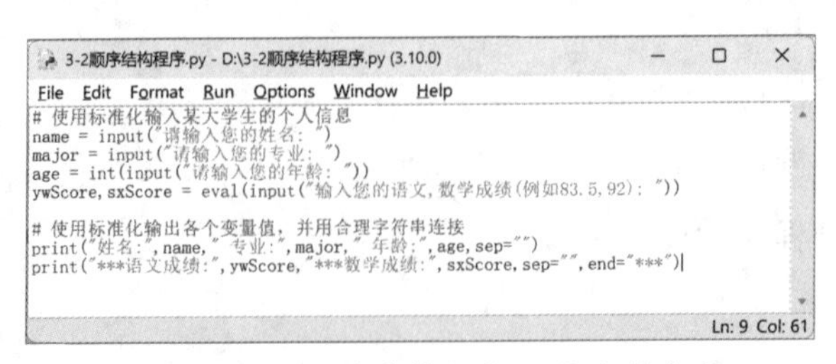

图 3-1 “3-2 顺序结构程序 .py”文件内容

步骤 2：执行程序，如图 3-2 所示。

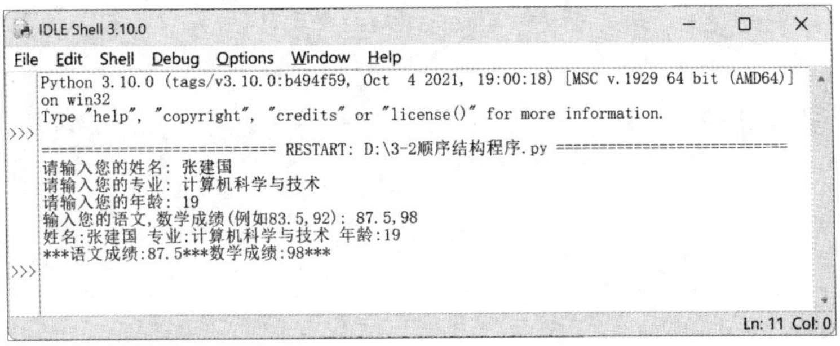

```
Python 3.10.0 (tags/v3.10.0:b494f59, Oct  4 2021, 19:00:18) [MSC v.1929 64 bit (AMD64)]
on win32
Type "help", "copyright", "credits" or "license()" for more information.
>>>
========================= RESTART: D:\3-2顺序结构程序.py =========================
请输入您的姓名: 张建国
请输入您的专业: 计算机科学与技术
请输入您的年龄: 19
输入您的语文,数学成绩(例如83.5,92): 87.5,98
姓名:张建国 专业:计算机科学与技术 年龄:19
***语文成绩:87.5***数学成绩:98***
>>>
```

图 3-2 “3-2 顺序结构程序 .py”程序执行结果

程序执行过程中，需注意标准化输入数据的类型应该满足程序要求，例如程序中年龄的输入是将字符串转换为整形，两门课程的输入格式可以是浮点数，中间的间隔符应该使用英文的逗号。

3．各种形式条件表达式的使用

步骤 1：从“开始”菜单启动 Python 3.10 IDLE。

步骤 2：在 Python 3.10 的 IDLE Shell 中，输入并执行如下各类条件表达式的交互代码（各输入变量的具体值不必完全与教材一致），注意代码计算执行过程，并观察相应结果。

```
# 验证 <、<=、>、>=、==、!= 关系运算符构成的条件表达式
>>> i,j,k,m,n = 1,3,5,3,1
>>> print(i,j,k,m,n)
    1 3 5 3 1
>>> i<k
    True
>>> k<=m
    False
>>> j==m
    True
>>> i>n
    False
>>> k>=k
    True
>>> i!=k
    True

# 验证 and、or、not 逻辑运算符构成的条件表达式
```

```
>>> year1,year2 = 2024,2025
>>> c1,c2,c3 = 'k','K','#'
>>> year1%4==0 or (year1%4==0 and year1%100!=0)
    True
>>> year2%4==0 or (year2%4==0 and year2%100!=0)
    False
>>> c1>'a' and c1<'z'
    True
>>> c2>'A' and c2<'G'
    False
>>> not((c3>'a' and c3<'z')or(c3>'A' and c3<'Z'))
    True

# 验证其他条件表达式
>>> i,j = 3,6
>>> i in (1,3,5,7,9)
    True
>>> j in (1,3,5,7,9)
    False
>>> i is j
    False
>>> j is 6
    True
```

4．单分支选择结构程序设计

使用 if-else 单分支选择结构编写 Python 源程序，程序运行时输入某同学的 Python 课程成绩，成绩大于等于 60 分显示“Python 课程通过考核”，小于 60 分显示“Python 课程未通过考核，需要补考”。

步骤 1：在 Python 3.10 的 IDLE Shell 中，执行“File”→“New File”命令，在打开的窗口中输入图 3-3 所示的代码，然后执行“File”→“Save”命令，以文件名“3-4 单分支选择结构程序 .py”保存在 D 盘根目录下。

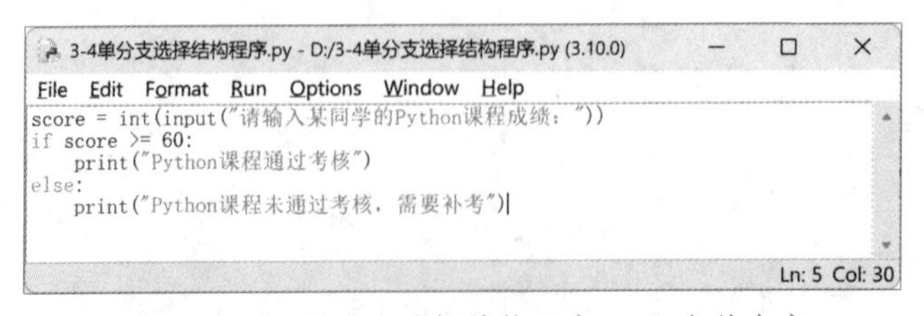
```
score = int(input("请输入某同学的Python课程成绩："))
if score >= 60:
    print("Python课程通过考核")
else:
    print("Python课程未通过考核，需要补考")
```

图 3-3 “3-4 单分支选择结构程序 .py”文件内容

步骤 2：执行程序，如图 3-4 所示。

注意：上面代码行的缩进不能缺少。在非顺序结构的 Python 程序编写过程中，Python 不像其他某些编程语言使用花括号或关键字来界定代码块，而是通过缩进来区分不同的代码块层级，这使得代码结构更加清晰直观。如果没有缩进，Python 解释器将无法确定代码的逻辑结构，会导致语法错误，代码缩进也有助于程序员在编写代码时避免因代码块不明确而产生的逻辑错误。综上所述，不同程序控制结构要求的缩进是 Python 语法的重要组成部分，它不仅确保了代码的正确性，还提高了代码的可读性和可维护性。

```
IDLE Shell 3.10.0
File  Edit  Shell  Debug  Options  Window  Help
Python 3.10.0 (tags/v3.10.0:b494f59, Oct  4 2021, 19:00:18) [MSC v.1929 64 bit
(AMD64)] on win32
Type "help", "copyright", "credits" or "license()" for more information.
>>>
========================= RESTART: D:/3-4单分支选择结构程序.py ===============
==========
请输入某同学的Python课程成绩：75
Python课程通过考核
>>>
============================== RESTART: D:/3-4单分支选择结构程序.py =========
=====================
请输入某同学的Python课程成绩：53
Python课程未通过考核，需要补考
>>>
                                                              Ln: 11  Col: 0
```

图 3-4 “3-4 单分支选择结构程序 .py”程序执行结果

5．多分支选择结构程序设计

使用 if-elif 多分支选择结构编写 Python 源程序，程序运行时输入某同学的高等数学课程成绩，成绩大于等于 90 分显示“高数成绩等级优秀”，小于 90 分大于等于 80 分显示“高数成绩等级良好”，小于 80 分大于等于 70 分显示“高数成绩等级中等”，小于 70 分大于等于 60 分显示“高数成绩等级及格”，小于 60 分显示“高数成绩等级不及格，需要补考”。

步骤 1：在 Python 3.10 的 IDLE Shell 中，执行“File”→“New File”命令，在打开的窗口中输入图 3-5 所示的代码，然后执行“File”→“Save”命令，以文件名“3-5 多分支选择结构程序 .py”保存在 D 盘根目录下。

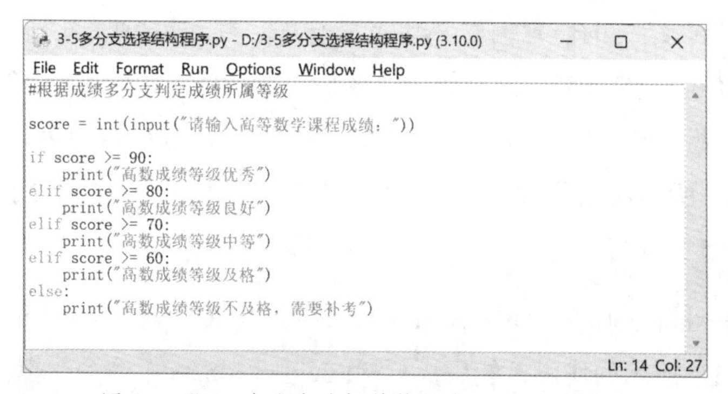

图 3-5 “3-5 多分支选择结构程序 .py”文件内容

步骤 2：执行程序，如图 3-6 所示。

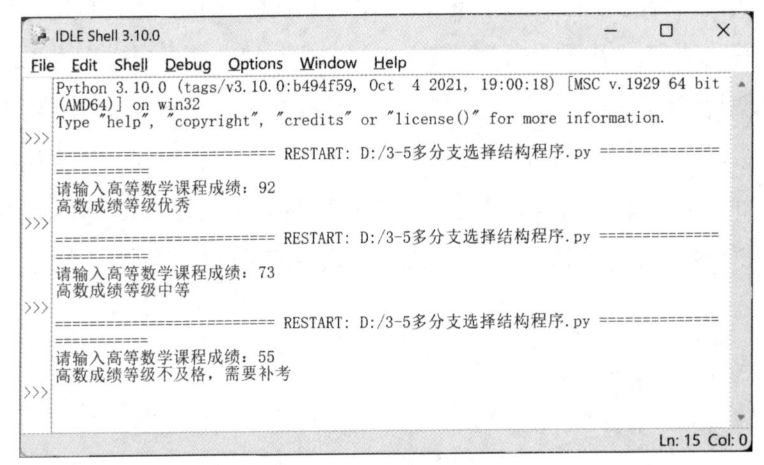

图 3-6 “3-5 多分支选择结构程序 .py”程序执行结果

如图 3-6 所示，程序在输入分数后，从 if 开始，依次检查条件，如果满足条件便执行相应代码块并跳出整个结构。首先检查输入的分数是否大于等于 90 分，如果是则判定为优秀等级，不再检查后续条件；若不是则继续检查是否大于等于 80 分等。这种顺序执行机制使得程序逻辑清晰，易于程序员理解代码。

当所有 if 和 elif 的条件都不满足时，执行 else 分支代码。在有些多分支结构的条件判断中，若输入的数据不符合预先设定的任何格式或范围要求，就可以在最后的 else 中进行错误提示或默认操作，确保程序在各种情况下都有合理的响应，提高程序的稳定性和可靠性。

程序需要根据实际需求编写，else 分支代码并非必需。如果程序只需要对某些特定条件进行处理，而对于其他情况不需要额外操作时，可省略 else 分支代码，使程序更加简洁高效，只专注于处理关心的情况。

6．选择结构的嵌套

使用 if 分支选择结构的嵌套编写 Python 源程序，程序运行时输入某个客户是合作企业客户还是个人客户。如果客户为合作企业客户，所购商品原价大于 10 万元打 7 折，小于 10 万元大于 6 万元打 8 折，小于 6 万元大于 3 万元打 9 折，3 万元以下不打折；如果客户是个人客户，所购商品原价大于 15 万元打 7 折，小于 15 万元大于 10 万元打 8 折，小于 10 万元大于 5 万元打 9 折，5 万元以下不打折。

步骤 1：在 Python 3.10 的 IDLE Shell 中，执行“File”→“New File”命令，在打开的窗口中输入图 3-7 所示的代码，然后执行“File”→“Save”命令，以文件名“3-6 选择

结构的嵌套 .py”保存在 D 盘根目录下。

```
3-6选择结构的嵌套.py - D:/3-6选择结构的嵌套.py (3.10.0)
File Edit Format Run Options Window Help
#根据客户类别和购买商品金额计算折扣价格

isCustomer = input("该客户是合作企业客户吗？（是/否）")
purchase_amount = float(input("请输入所购商品原价："))

if isCustomer.lower() == "是":
    if purchase_amount > 100000:
        discounted_price = purchase_amount * 0.7
    elif 60000 < purchase_amount <= 100000:
        discounted_price = purchase_amount * 0.8
    elif 30000 < purchase_amount <= 60000:
        discounted_price = purchase_amount * 0.9
    else:
        discounted_price = purchase_amount
    print(f"合作企业客户，原价{purchase_amount}，折后价{discounted_price}")
else:
    if purchase_amount > 150000:
        discounted_price = purchase_amount * 0.7
    elif 100000 < purchase_amount <= 150000:
        discounted_price = purchase_amount * 0.8
    elif 50000 < purchase_amount <= 100000:
        discounted_price = purchase_amount * 0.9
    else:
        discounted_price = purchase_amount
    print(f"个人客户，原价{purchase_amount}，折后价{discounted_price}")
Ln: 3 Col: 0
```

图 3-7 “3-6 选择结构的嵌套 .py”文件内容

步骤 2：执行程序，如图 3-8 所示。

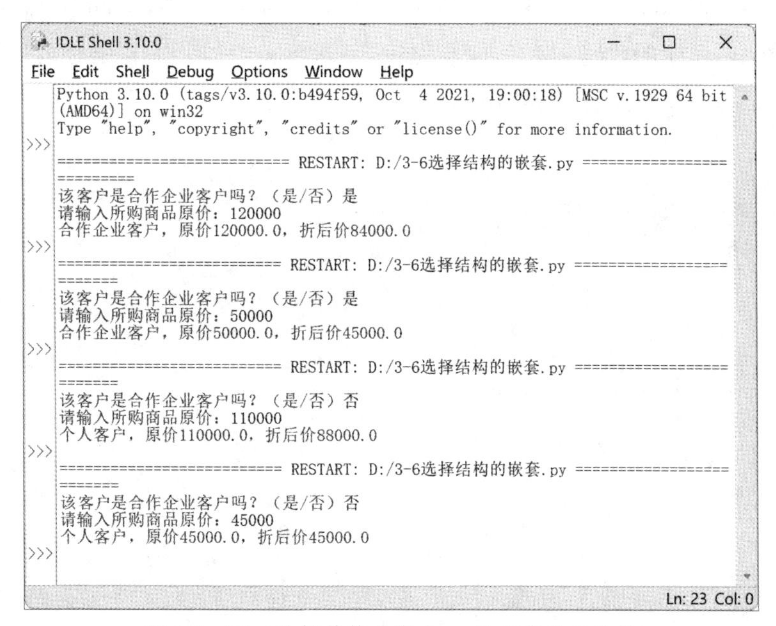

图 3-8 “3-6 选择结构的嵌套 .py”程序执行结果

从上面程序及执行结果可以看出，嵌套的选择结构允许在一个条件判断内部进行更细致的条件判断，极大地增强了程序处理复杂逻辑的能力。例如在图 3-7 所示的计算商品折扣程序中，外层的 if 可以判断用户类型是个人客户还是合作企业客户，而内层的 if 可以在确定客户类型后，进一步根据客户所购商品的金额进行不同程度的折扣计算。这种分层的判断方式能够根据具体需求，精确地处理各种不同的情况，使程序更加灵活和智能。

虽然嵌套会增加代码的层级，但如果使用得当，可以通过合理的缩进和注释，使代码结构更加清晰。程序员可以直观地看出不同层次的条件判断逻辑，从而更好地处理复杂的业务逻辑，嵌套的 if 结构可以将业务逻辑需求分解为多个小的、易于管理的部分，提高代码的可读性和可维护性。不过也需要认识到，有时候过度嵌套的选择结构也可能会导致代码变得复杂和难以理解，使代码难以跟踪和调试，增加出错的可能性。为了避免这种情况，可以考虑使用其他的高级数据结构和编程方法，如字典映射、函数封装等方式也能简化复杂的条件判断逻辑。例如需求中存在有多个类似的条件判断，可以将其封装成函数，在需要的地方调用，从而减少嵌套的层次。

7．循环结构程序设计（while）

使用 while 循环结构编写 Python 源程序，程序运行时输入某个大学班级的班级名，再依次输入班级所有学生的 Python 成绩，当输入一个负数时代表所有学生成绩输入结束，程序最后需要输出这个班级的班级名并统计班级学生总数，以及 Python 成绩的最高成绩、最低成绩、平均成绩。

步骤 1：在 Python 3.10 的 IDLE Shell 中，执行“File”→“New File”命令，在打开的窗口中输入图 3-9 所示的代码，然后执行“File”→“Save”命令，以文件名“3-7while 循环结构程序设计 .py”保存在 D 盘根目录下。

```
3-7while循环结构程序设计.py - D:/3-7while循环结构程序设计.py (3.10.0)
File  Edit  Format  Run  Options  Window  Help
#输入班级学生Python成绩，统计最高、最低成绩，计算平均成绩

class_name = input("请输入班级名：")
stuNum = 0
scoreSum = 0
highest_score = float('-inf')
lowest_score = float('inf')

score = float(input("请输入学生的 Python 成绩："))
while score >= 0:
    stuNum += 1
    scoreSum += score
    if score > highest_score:
        highest_score = score
    if score < lowest_score:
        lowest_score = score
    score = float(input("请输入学生的 Python 成绩："))

if stuNum > 0:
    average_score = scoreSum / stuNum
    print(f"班级名：{class_name}")
    print(f"班级学生总数：{stuNum}")
    print(f"最高成绩：{highest_score}")
    print(f"最低成绩：{lowest_score}")
    print(f"平均成绩：{average_score}")
else:
    print(f"班级 {class_name} 没有有效成绩输入。")
Ln: 23  Col: 34
```

图 3-9 “3-7while 循环结构程序设计 .py”文件内容

在图 3-9 所示的程序中，各个学生的成绩并没有记录下来，而是放在 score 变量中临

时保存并在循环中依次处理。如果需要进行成绩排序等高级统计和数据处理，则需要使用后续章节的数组来实现每个学生成绩的存储。

步骤 2：执行程序，如图 3-10 所示。

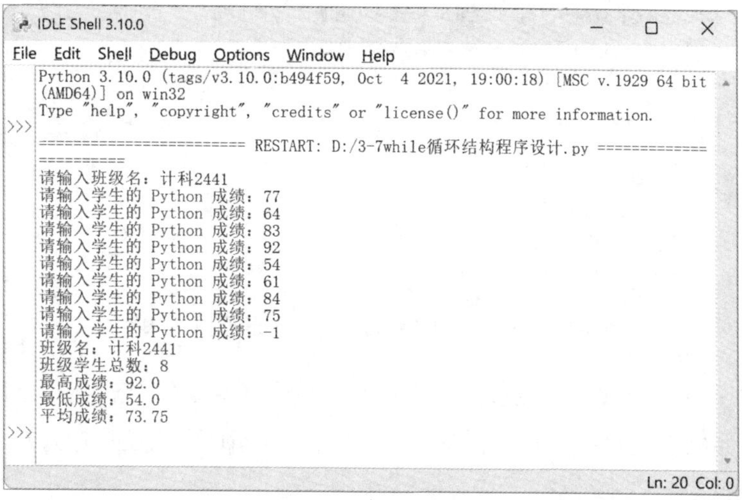

```
IDLE Shell 3.10.0
File  Edit  Shell  Debug  Options  Window  Help
Python 3.10.0 (tags/v3.10.0:b494f59, Oct  4 2021, 19:00:18) [MSC v.1929 64 bit (AMD64)] on win32
Type "help", "copyright", "credits" or "license()" for more information.
>>>
====================== RESTART: D:/3-7while循环结构程序设计.py ======================
请输入班级名：计科2441
请输入学生的 Python 成绩：77
请输入学生的 Python 成绩：64
请输入学生的 Python 成绩：83
请输入学生的 Python 成绩：92
请输入学生的 Python 成绩：54
请输入学生的 Python 成绩：61
请输入学生的 Python 成绩：84
请输入学生的 Python 成绩：75
请输入学生的 Python 成绩：-1
班级名：计科2441
班级学生总数：8
最高成绩：92.0
最低成绩：54.0
平均成绩：73.75
>>>
                                                        Ln: 20 Col: 0
```

图 3-10 “3-7while 循环结构程序设计 .py”程序执行结果

图 3-9 所示程序循环的终止条件是在依次输入分数的过程中输入一个小于零的数，所以循环执行的次数并不固定，while 循环通常以一个条件为依据来决定是否继续执行循环体。只要条件为真，循环就会一直进行下去。这使得程序可以根据特定的逻辑状态动态地控制循环的执行次数，非常灵活。在后续 Python 学习的过程中，使用 while 循环可保证循环体内的代码会在满足条件的情况下不断重复执行。这对于需要反复执行相同操作的情况非常方便，如遍历列表、处理大量数据等。可以在程序的循环体内进行各种操作，包括计算、赋值、输入和输出等，从而实现复杂的功能。

另外，可以在程序的循环体内使用条件判断和 break 语句跳出循环，或者使用 continue 语句跳过当前循环迭代，进入下一次循环。这使得程序在执行循环时，能够根据特定程序需求更加灵活地控制流程。使用 while 循环时需要注意避免死循环的出现，即条件始终为真导致循环无法停止。同时，要确保循环最终能够在合理的情况下结束，以保证程序的正常运行。

8．循环结构程序设计（for）

使用 for 循环结构编写 Python 源程序，运行程序找出 10000 内所有的完全数（如果一个数恰好等于它的真因子之和，则称该数为“完全数”）。程序关键是要找出某个数各个小于它的约数（真因子即列出某数的约数，去掉该数本身，剩下的就是它的真因子），判断所有真因子的和是否等于它本身。

步骤 1：在 Python 3.10 的 IDLE Shell 中，执行“File”→“New File”命令，在打开的窗口中输入图 3-11 所示的代码，然后执行“File”→“Save”命令，以文件名“3-8for 循环结构程序设计 .py”保存在 D 盘根目录下。

```
#使用for循环找出10000内的所有完全数

for num in range(1, 10001):
    factors_sum = 0
    for i in range(1, num):
        if num % i == 0:
            factors_sum += i
    if factors_sum == num:
        print(num)
```

图 3-11 “3-8for 循环结构程序设计 .py”文件内容

在上面程序中，for 循环决定循环一共执行 10 次，每次必须输入一个正整数循环体才能向下执行，如果输入的是一个负数则使用一个 while 循环要求反复输入。

步骤 2：执行程序，如图 3-12 所示。

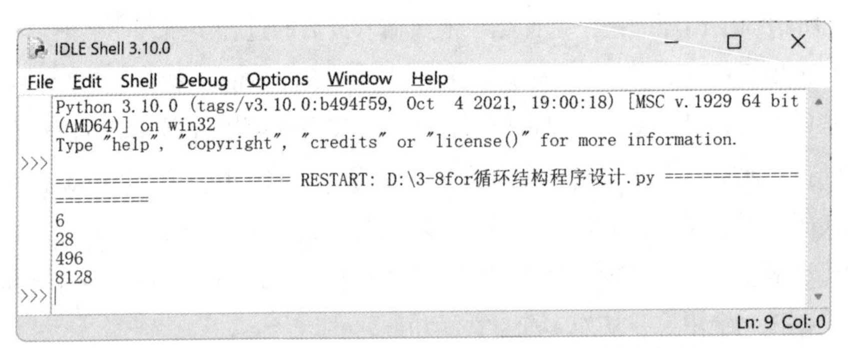

图 3-12 “3-8for 循环结构程序设计 .py”程序执行结果

9．流程控制综合程序设计

综合使用 if、while、for 等程序控制结构，编写一个 Python 源程序，程序运行时依次提示输入 10 个正整数，如果输入负数则不做计数，提示继续输入；循环中判定当前正整数是否为素数，如果是素数则显示输出，并在最后输出统计素数的个数。

步骤 1：在 Python 3.10 的 IDLE Shell 中，执行“File”→“New File”命令，在打开的窗口中输入图 3-13 所示的代码，然后执行“File”→“Save”命令，以文件名“3-9 流程控制综合程序设计 .py”保存在 D 盘根目录下。

3-9流程控制综合程序设计.py - D:/3-9流程控制综合程序设计.py (3.10.0)

File Edit Format Run Options Window Help

```
#使用for循环查找10个正整数中的素数

prime_count = 0
for t in range(10):
    print("请输入第%d个正整数: "%(t+1), end='')
    num = int(input())
    while num <= 0:
        print("输入非法, 重新输入第%d个正整数: "%(t+1), end='')
        num = int(input())
    is_prime = True
    if num < 2:
        is_prime = False
    else:
        for i in range(2, int(num**0.5)+1):
            if num % i == 0:
                is_prime = False
                break
    if is_prime:
        print(f"{num}是素数。")
        prime_count += 1

print("===================")
print(f"输入的正整数中共有{prime_count}个素数。")
```

Ln: 8 Col: 37

图 3-13 “3-9 流程控制综合程序设计 .py” 文件内容

在图 3-13 所示程序中，for 语句决定程序一共执行 10 次循环，每次执行循环必须输入一个正整数才能向下执行，如输入的是一个负数则使用一个 while 语句要求反复输入。

步骤 2：执行程序，如图 3-14 所示。

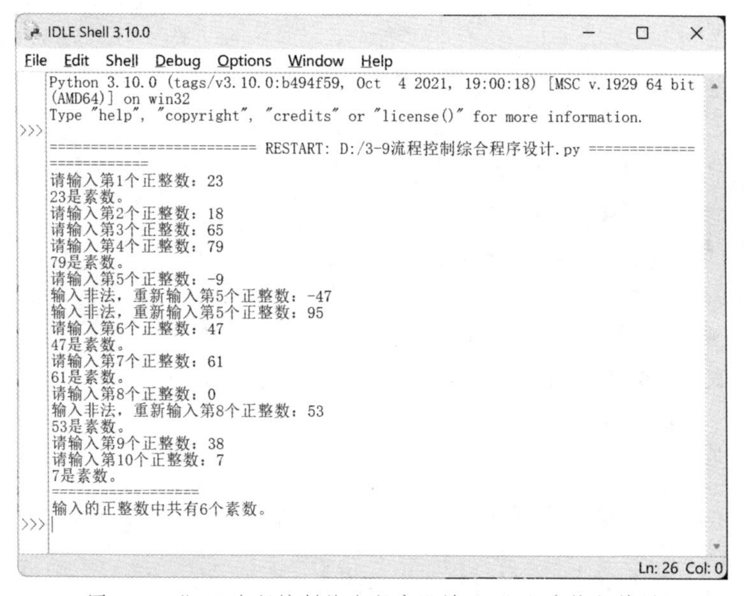

图 3-14 “3-9 流程控制综合程序设计 .py” 程序执行结果

【实验作业】

1. 输入圆的半径，输出圆的周长和面积。结果保留两位小数。

2. 输入一个三角形的三条边长，判断是否可以构成三角形（三条边可以构成三角形的条件是任意两边的边长之和大于第三边）。如果可以构成三角形，输出该三角形的面积；如果不能构成三角形，输出消息“输入值无法构成三角形”。

3. 编写程序计算员工工资。设员工工号为 id，员工工作时长为 hours，员工应发工资为 income。员工应发工资的计算方法如下：

（1）正常情况按工作时长，每小时 84 元计发；

（2）工作时长超过 120 小时者，超过部分加发 15%；

（3）工作时长少于 60 小时者，扣发 700 元。

输入员工的工号（id）、工作时长（hours），计算员工的应发工资（income）。

4. 统计 1 ～ 1000 有多少个 3 和 7 的公倍数，输出统计结果。

5. 依次输入 10 个同学的成绩，分别统计其中优秀（90 分及以上）、合格（60 到 90 分之间）以及不合格（60 分以下）的人数，并输出统计结果。

【实验作业参考答案】

1. 参考代码

```
import math

radius = float(input("请输入圆的半径："))
circumference = 2 * math.pi * radius
area = math.pi * radius ** 2

print(f"圆的周长为：{circumference:.2f}")
print(f"圆的面积为：{area:.2f}")
```

2. 参考代码

```
import math

a = float(input("请输入三角形第一条边长："))
b = float(input("请输入三角形第二条边长："))
c = float(input("请输入三角形第三条边长："))

if a + b > c and a + c > b and b + c > a:
    s = (a + b + c) / 2
    area = math.sqrt(s * (s - a) * (s - b) * (s - c))
```

```
    print(f"三角形面积为：{area:.2f}")
else:
    print("输入值无法构成三角形")
```

3. 参考代码

```
id = input("请输入员工工号：")
hours = float(input("请输入员工工作时长："))
income = 0

if hours < 60:
    income = 84 * hours - 700
elif hours <= 120:
    income = 84 * hours
else:
    income = 84 * 120 + (hours - 120) * 84 * 1.15

print(f"员工工号为{id}，应发工资为{income}元。")
```

4. 参考代码

```
num = 1
count = 0
while num <= 1000:
    if num % 3 == 0 and num % 7 == 0:
        count += 1
    num += 1
print(f"1~1000有{count}个 3 和 7 的公倍数。")
```

5. 参考代码

```
excellent_count = 0
pass_count = 0
fail_count = 0

for _ in range(10):
    score = int(input("请输入同学的成绩："))
    if score >= 90:
        excellent_count += 1
    elif score >= 60:
        pass_count += 1
```

```
    else:
        fail_count += 1

print(f"优秀的同学人数为：{excellent_count}")
print(f"合格的同学人数为：{pass_count}")
print(f"不合格的同学人数为：{fail_count}")
```

实验四 字符串

【实验目的】

1. 掌握字符与其编码值的转换方法。
2. 熟悉字符串常量的表示。
3. 掌握常用转义字符的用法。
4. 掌握字符串的索引与切片操作。
5. 掌握字符串的运算。
6. 掌握字符串的常用方法。

【实验准备】

完成主教材第 4 章内容的学习，掌握字符串的索引与切片操作，掌握字符串的连接、逻辑等运算，熟悉字符串的格式化方法，了解字符串的常用方法。

【实验内容】

1. 字符与其编码值之间的转换。
2. 字符串常量。
3. 转义字符。
4. 字符串的索引与切片。
5. 字符串的运算。
6. 字符串中字母大小写转换。
7. 字符串对齐处理。
8. 字符串查找。
9. 字符串替换与删除。
10. 字符串拆分与连接。
11. 字符串测试。
12. 字符串加密与解密。

13. 字符串格式化。

14. 字符串应用实例。

【实验步骤】

1．字符与其编码值之间的转换

步骤 1：从“开始”菜单启动 Python 3.10 IDLE。

步骤 2：在 Python 3.10 的 IDLE Shell 中，输入并执行如下代码，并注意观察相应结果。

```
# 内置函数 ord() 和 chr() 实现字符与其编码值之间的转换
>>> ord('a')
97
>>> chr(97)
'a'
```

2．字符串常量

步骤 1：从“开始”菜单启动 Python 3.10 IDLE。

步骤 2：在 Python 3.10 的 IDLE Shell 中，输入并执行如下代码，并注意观察相应结果。

```
# 字符串常量
>>> from string import *
>>> ascii_letters
'abcdefghijklmnopqrstuvwxyzABCDEFGHIJKLMNOPQRSTUVWXYZ'
>>> ascii_lowercase
'abcdefghijklmnopqrstuvwxyz'
>>> ascii_uppercase
'ABCDEFGHIJKLMNOPQRSTUVWXYZ'
>>> digits
'0123456789'
```

步骤 3：在 Python 3.10 的 IDLE Shell 中，执行“File”→“New File”命令，在打开的窗口中输入图 4-1 所示的代码，然后执行“File”→“Save”命令，以文件名“随机密码 .py”保存在 D 盘根目录下。

步骤 4：在图 4-1 所示窗口中，执行“Run”→“Run Module”命令，在 Python 3.10 Shell 中查看程序运行结果。

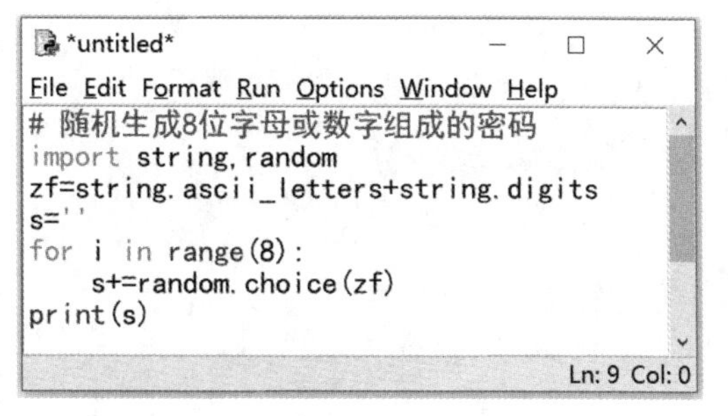

图 4-1 “随机密码 .py”文件内容

3．转义字符

步骤 1：从“开始”菜单启动 Python 3.10 IDLE。

步骤 2：在 Python 3.10 的 IDLE Shell 中，输入并执行如下代码，并注意观察相应结果。

```
>>> print("Program\nDesign")   # \n 是换行符
Program
Design
>>> print("Program\tDesign")   # \t 是水平制表符
Program  Design
>>> print("D:\Program\test.py")
D:\Program      est.py
>>> print("D:\Program\\test.py")   # \\ 是反斜杠
D:\Program\test.py
>>> print(r"D:\Program\test.py")   # 字符串前面添加 r，则字符串中的 \t 不发生转义
D:\Program\test.py
```

4．字符串的索引与切片

步骤 1：从“开始”菜单启动 Python 3.10 IDLE。

步骤 2：在 Python 3.10 的 IDLE Shell 中，输入并执行如下代码，并注意观察相应结果。

```
>>> s="abcdef"
>>> s[0]
'a'
>>> s[2]
'c'
>>> s[-1]
'f'
>>> s[-3]
'd'
>>> s[0:3]
```

```
'abc'
>>> s[1:5:2]
'bd'
>>> s[2:]
'cdef'
>>> s[::-1]
'fedcba'
>>> s[-1:-5:-2]
'fd'
```

步骤 3： 在 Python 3.10 的 IDLE Shell 中，执行“File”→“New File”命令，在打开的窗口中输入图 4-2 所示的代码，然后执行“File”→“Save”命令，以文件名“回文判断.py”保存在 D 盘根目录下。

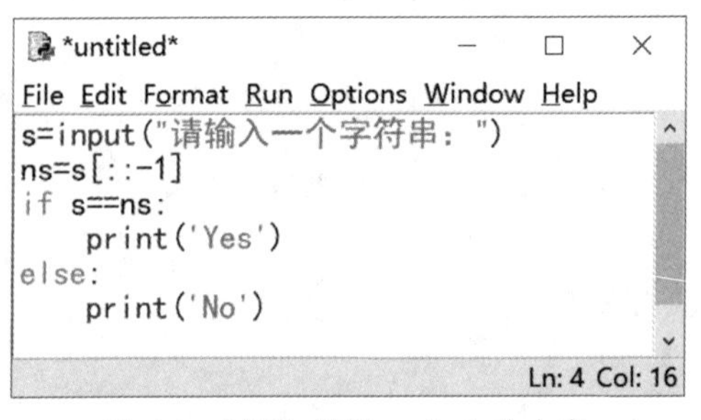

图 4-2 “回文判断.py”文件内容

步骤 4： 在图 4-2 所示的窗口中，执行“Run”→“Run Module”命令，在 Python 3.10 的 IDLE Shell 中输入一个字符串，查看程序运行结果，如图 4-3 所示。

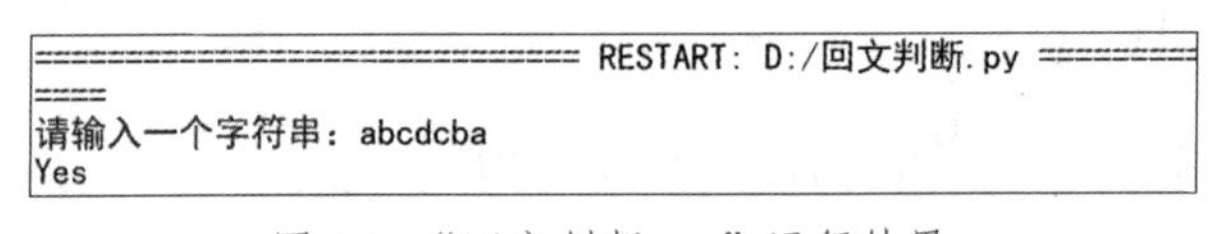

图 4-3 “回文判断.py”运行结果

5．字符串的运算

步骤 1： 从“开始”菜单启动 Python 3.10 IDLE。

步骤 2： 在 Python 3.10 的 IDLE Shell 中，输入并执行如下代码，并注意观察相应结果。

```
# 字符串连接运算
>>> a='Hello'
>>> b='World'
>>> s1=a+b
```

```
>>> s1
'HelloWorld'
>>> s2=a[0:2]+'r'+a[-1]
>>> s2
'Hero'
# 字符串重复连接运算
>>> s3=s1*3
>>> print(s3)
HelloWorldHelloWorldHelloWorld
# 字符串逻辑运算
>>> 'a'>'A'
True
>>> 'HK'>'e'
False
>>> 'hello'<'hero'
True
>>> '279'>'5'
False
# 成员关系运算
>>> 'He' in 'Hello'
True
>>> 'word' not in 'world'
True
# 字符串格式化运算
>>> print('The values is $%.2f'%1.276)
The values is $1.28
>>> print('name:%s,age:%d'%('Tom',18))
name:Tom,age:18
>>> '%7.2f,%.1f%%'%(76.352,12.57)
'  76.35,12.6%'
>>> '%o,%x,%e,%f'%(100,100,100,100)
'144,64,1.000000e+02,100.000000'
```

步骤 3：在 Python 3.10 的 IDLE Shell 中，执行“File”→“New File”命令，在打开的窗口中输入图 4-4 所示的代码，然后执行“File”→“Save”命令，以文件名“统计各类字符个数 .py”保存在 D 盘根目录下。

步骤 4：在图 4-4 所示的窗口中，执行“Run”→“Run Module”命令，在 Python 3.10 的 IDLE Shell 中输入一个英文句子，查看程序运行结果，如图 4-5 所示。

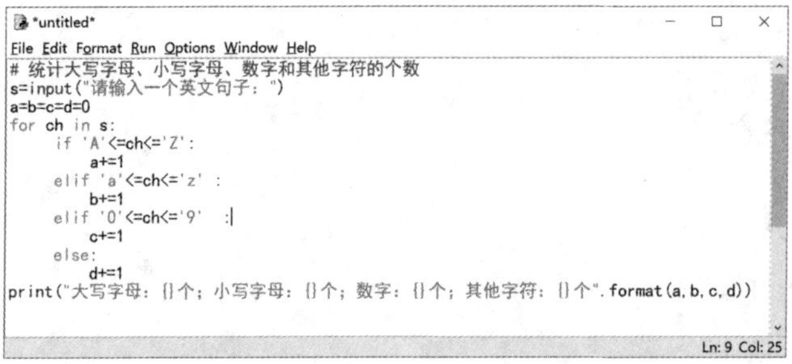

```
*untitled*
File Edit Format Run Options Window Help
# 统计大写字母、小写字母、数字和其他字符的个数
s=input("请输入一个英文句子：")
a=b=c=d=0
for ch in s:
    if 'A'<=ch<='Z':
        a+=1
    elif 'a'<=ch<='z' :
        b+=1
    elif '0'<=ch<='9'  :
        c+=1
    else:
        d+=1
print("大写字母：{}个；小写字母：{}个；数字：{}个；其他字符：{}个".format(a,b,c,d))
Ln: 9 Col: 25
```

图 4-4 “统计各类字符个数 .py”文件内容

```
============================== RESTART: D:/统计各类字符个数.py ==============
请输入一个英文句子：Welcome to Python 3.9!
大写字母：2个；小写字母：13个；数字：2个；其他字符：5个
>>>
```

图 4-5 “统计各类字符个数 .py”运行结果

6．字符串中字母大小写转换

步骤 1：从“开始”菜单启动 Python 3.10 IDLE。

步骤 2：在 Python 3.10 的 IDLE Shell 中，输入并执行如下代码，并注意观察相应结果。

```
>>> a='HELLO world'
>>> a.upper()
'HELLO WORLD'
>>> a.lower()
'hello world'
>>> a.capitalize()
'Hello world'
>>> a.title()
'Hello World'
>>> a.swapcase()
'hello WORLD'
```

7．字符串对齐处理

步骤 1：从“开始”菜单启动 Python 3.10 IDLE。

步骤 2：在 Python 3.10 的 IDLE Shell 中，输入并执行如下代码，并注意观察相应结果。

```
>>> b='abcdef'
>>> b.center(10,"#")
'##abcdef##'
>>> b.ljust(10,"#")
'abcdef####'
>>> b.rjust(10,"#")
```

```
'####abcdef'
>>> b.zfill(10)
'0000abcdef'
```

8．字符串查找

步骤 1：从“开始”菜单启动 Python 3.10 IDLE。

步骤 2：在 Python 3.10 的 IDLE Shell 中，输入并执行如下代码，并注意观察相应结果。

```
>>> c="abcdefcdeh"
>>> c.find("cd")
2
>>> c.find("cd",3,8)
6
>>> c.rfind("cd")
6
>>> c.rfind("cd",0,5)
2
>>> c.rfind("df")
-1
>>> c.index("cd")
2
>>> c.rindex("cd")
6
>>> c.count("d")
2
>>> c.startswith("ab")
True
>>> c.endswith("de")
False
```

9．字符串替换与删除

步骤 1：从“开始”菜单启动 Python 3.10 IDLE。

步骤 2：在 Python 3.10 的 IDLE Shell 中，输入并执行如下代码，并注意观察相应结果。

```
>>> d='hello world'
>>> d.replace("o","*")
'hell* w*rld'
>>> d.replace("l","#",2)
'he##o world'
```

```
>>> e='   abcd    '
>>> e.replace(' ','')
'abcd'
>>> e.strip()
'abcd'
>>> e='abcdabefab'
>>> e.replace('ab','')
'cdef'
>>> e.strip("ab")
'cdabef'
>>> e.lstrip("ab")
'cdabefab'
>>> e.rstrip("ab")
'abcdabef'
```

10．字符串拆分与连接

步骤 1：从“开始”菜单启动 Python 3.10 IDLE。

步骤 2：在 Python 3.10 的 IDLE Shell 中，输入并执行如下代码，并注意观察相应结果。

```
>>> f='a b c d e'
>>> f.split()
['a', 'b', 'c', 'd', 'e']
>>> f.rsplit()
['a', 'b', 'c', 'd', 'e']
>>> g='a-b-c-d-e'
>>> g.split("-",3)
['a', 'b', 'c', 'd-e']
>>> g.rsplit("-",3)
['a-b', 'c', 'd', 'e']
>>> h='ab\ncd\nef'
>>> h.splitlines()
['ab', 'cd', 'ef']
>>> h.splitlines(True)
['ab\n', 'cd\n', 'ef']
>>> k="ab*cd*ef"
>>> k.partition("*")
('ab', '*', 'cd*ef')
>>> k.rpartition("*")
('ab*cd', '*', 'ef')
```

```
>>> m=['12', '34', '56']
>>> ''.join(m)
'123456'
```

步骤 3：在 Python 3.10 的 IDLE Shell 中，执行“File”→“New File”命令，在打开的窗口中输入图 4-6 所示的代码，然后执行“File”→“Save”命令，以文件名“求和与平均值.py”保存在 D 盘根目录下。

```
*untitled*
File Edit Format Run Options Window Help
#输入一行空格分隔的多个整数，计算它们的总和与平均值
a=input().split()
a=map(int,a)
a=list(a)
s=sum(a)
n=len(a)
pj=s/n
print('和={}, 平均值={:.2f}'.format(s,pj))
                                                    Ln: 9 Col: 0
```

图 4-6 “求和与平均值.py”文件内容

步骤 4：在图 4-6 所示窗口中，执行“Run”→“Run Module”命令，在 Python 3.10 的 IDLE Shell 中输入一行用空格分隔的多个整数，查看程序运行结果，如图 4-7 所示。

```
============= RESTART: D:/Program Files/python/求和与平均值.py ======
======
12 36 9 50
和=107, 平均值=26.75
```

图 4-7 “求和与平均值.py”运行结果

11．字符串测试

步骤 1：从“开始”菜单启动 Python 3.10 IDLE。

步骤 2：在 Python 3.10 的 IDLE Shell 中，输入并执行如下代码，并注意观察相应结果。

```
>>> a='abCD123'
>>> a.isalnum()
True
>>> a.isalpha()
False
>>> a.isdigit()
False
>>> a.islower()
False
>>> a.isupper()
False
```

```
>>> b='   '
>>> b.isspace()
True
>>> c='Hello World'
>>> c.istitle()
True
>>> c.isidentifier()
False
```

12．字符串加密与解密

步骤 1：从“开始”菜单启动 Python 3.10 IDLE。

步骤 2：在 Python 3.10 的 IDLE Shell 中，输入并执行如下代码，并注意观察相应结果。

```
>>> d1=str.maketrans("abcd","1234")
>>> d1
{97: 49, 98: 50, 99: 51, 100: 52}
>>> d2=str.maketrans("abcdef","123456","ae")
>>> d2
{97: None, 98: 50, 99: 51, 100: 52, 101: None, 102: 54}
>>> s='abcdefgh'
>>> s.translate(d1)
'1234efgh'
>>> s.translate(d2)
'2346gh'
```

步骤 3：在 Python 3.10 的 IDLE Shell 中，执行“File”→“New File”命令，在打开的窗口中输入图 4-8 所示的代码，然后执行“File”→“Save”命令，以文件名“翻译密码 .py”保存在 D 盘根目录下。

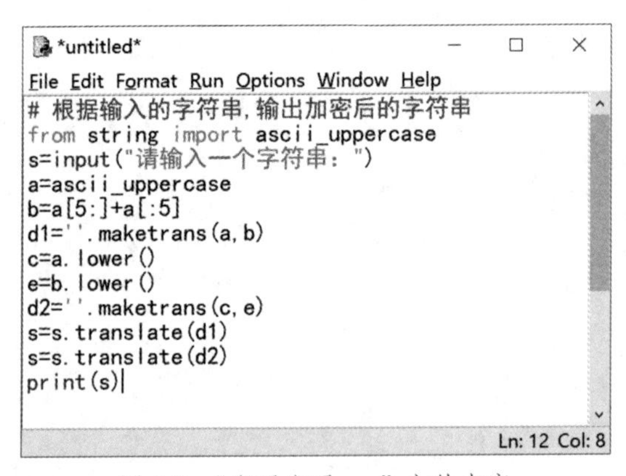

图 4-8 “翻译密码 .py”文件内容

步骤 4：在图 4-8 所示窗口中，执行“Run”→“Run Module”命令，在 Python 3.10 的 IDLE Shell 中输入一个字符串，查看程序运行结果，如图 4-9 所示。

```
============================== RESTART: D:/翻译密码.py =================
============
请输入一个字符串：Hello World!
Mjqqt Btwqi!
```

图 4-9 “翻译密码 .py”运行结果

13．字符串格式化

步骤 1：从“开始”菜单启动 Python 3.10 IDLE。

步骤 2：在 Python 3.10 的 IDLE Shell 中，输入并执行如下代码，并注意观察相应结果。

```
>>> print('{0:.2f},{1:d}'.format(3.145,500))
3.15,500
>>> print("{},I'm {}.".format('Hello','Tom'))
Hello,I'm Tom.
>>> print('name={nm},age={ag}'.format(nm='Tom',ag=20))
name=Tom,age=20
>>> print('{0:7.2f}'.format(65.273))
  65.27
>>> print('{0:b},{0:c},{0:d},{0:o},{0:x},{0:X}'.format(97))
1100001,a,97,141,61,61
>>> print('{0:e},{0:E},{0:f},{0:%}'.format(3.14))
3.140000e+00,3.140000E+00,3.140000,314.000000%
```

步骤 3：在 Python 3.10 的 IDLE Shell 中，执行“File”→“New File”命令，在打开的窗口中输入图 4-10 所示的代码，然后执行“File”→“Save”命令，以文件名“格式化输出 .py”保存在 D 盘根目录下。

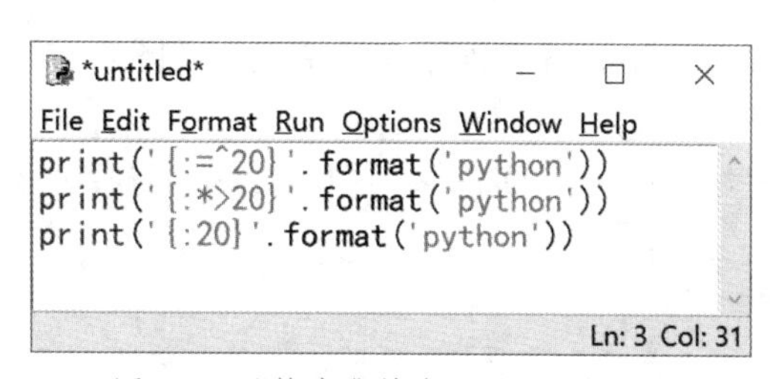

图 4-10 “格式化输出 .py”文件内容

步骤 4：在图 4-10 所示的窗口中，执行“Run”→“Run Module”命令，在 Python 3.10 的 IDLE Shell 中查看程序运行结果，如图 4-11 所示。

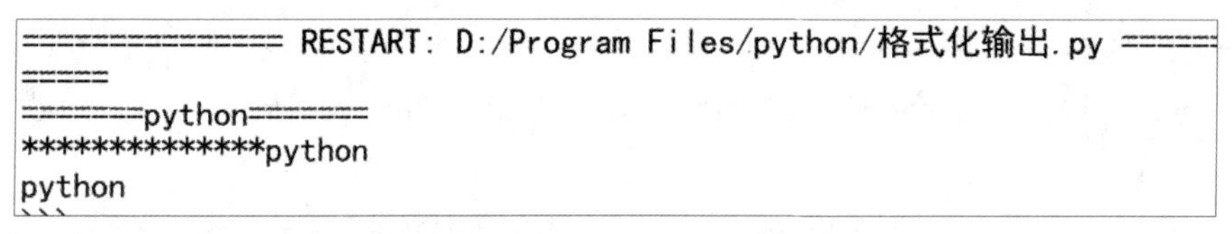

图 4-11 “格式化输出 .py”运行结果

14. 字符串应用实例

步骤 1：从“开始”菜单启动 Python 3.10 IDLE。

步骤 2：在 Python 3.10 的 IDLE Shell 中，执行“File”→“New File”命令，在打开的窗口中输入图 4-12 所示的代码，然后执行“File”→“Save”命令，以文件名“用户名判断 .py”保存在 D 盘根目录下。

```
*untitled*
File Edit Format Run Options Window Help
'''
从键盘输入一个字符串，代表用户名，
判断该用户名是否符合规定。
规定用户名只能以英文字母开头，后接字母或者数字。
'''
from string import *
s=input("请输入用户名：")
if s=="":
    print("用户名至少包含1个字符")
else:
    if s[0] not in ascii_letters:
        print("Incorrect username")
    else:
        for ch in s[1:]:
            if ch not in ascii_letters+digits:
                print("Incorrect username")
                break
        else:
            print("Correct username")
Ln: 19 Col: 37
```

图 4-12 “用户名判断 .py”文件内容

步骤 3：在图 4-12 所示窗口中，执行“Run”→“Run Module”命令，在 Python 3.10 的 IDLE Shell 中输入一个字符串，查看程序运行结果，如图 4-13 所示。

```
=============== RESTART: D:/Program Files/python/用户名判断.py =======
=====
请输入用户名：User123
Correct username
```

图 4-13 “用户名判断 .py”运行结果

【实验作业】

1. 编写程序，输入一个字符串 s，再输入要删除的字符（非空格字符），最后输出删除字符的字符串 s（不区分大小写）。

```
输入示例：
HELLO world
L
输出示例：
HEO word
```

2. 气象意义上，通常以阳历 3 ～ 5 月为春季（spring），6 ～ 8 月为夏季（summer），9 ～ 11 月为秋季（autumn），12 月～来年 2 月为冬季（winter）。编写程序，输入一个字符串（包含年份和月份），输出对应季节的英文。例如，输入“202409”，输出“autumn”。

3. 要求给一条街的住户编制门牌号，住户总数为 2024 户，即从 1 号编起，一直到 2024 号。

制作门牌号的方法是先制作 0 到 9 这 10 个数字字符，然后根据需要将数字字符贴到门牌上，例如门牌 808 号是依次粘贴数字字符 8、0、8。这就需要 2 个数字字符 8，1 个数字字符 0。编写程序，输入一个数字字符 c，计算制作 1 号至 2024 号门牌号需要多少个数字字符 c。

```
输入示例：
3
输出示例：
需要 603 个 3
```

4. 编写程序，输入一个字符串，提取其中所有的数字字符（0 ～ 9），将其组合成一个最大的整数并输出。

```
输入示例：
a62ef7*h
输出示例：
762
```

5. 编写程序，输入一个整数 n，然后输入 n 个字符串，输出其中最长的字符串。如果字符串的长度相同，则输出先输入的字符串。

```
输入示例：
5
red
green
blue
white
yello
```

```
输出示例:
green
```

6. 编写程序，检测一个字符串是否是一个合格的密码，如果合格就显示“valid password”，否则显示“invalid password”。一个合格的密码应该符合如下规则：

- 密码至少有 8 个字符。
- 密码包括大小写英文字母、数字和其他符号。

【实验作业参考答案】

1. 参考代码

```
s=input()
c=input().
c=c.lower()
s=s.replace(c,'')
c=c.upper()
s=s.replace(c,'')
print(s)
```

2. 参考代码

```
s=input()
m=int(s[4:])
if 3<=m<=5:
    print('spring')
elif 6<=m<=8:
    print('summer')
elif 9<=m<=11:
    print('autumn')
else:
    print('winter')
```

3. 参考代码

```
c=input()
n=0
for i in range(1,2025):
    s=str(i)
    n+=s.count(c)
print('需要{}个{}'.format(n,c))
```

4. 参考代码

```
s=input()
a=''
for i in s:
    if '0'<=i<='9':
        a+=i
a=sorted(a,reverse=True)
n=''.join(a)
print(n)
```

5. 参考代码

```
n = int(input())
s=''
for i in range(1,n+1):
    a = input()
    if len(a)>len(s):
        s=a
print('The longest is: {}'.format(s))
```

6. 参考代码

```
s=input()
if len(s)<8:
    print('invalid password')
else:
    a=b=c=d=0
    for i in s:
        if 'a'<=i<='z':
            a=1
        elif 'A'<=i<='Z':
            b=1
        elif '0'<=i<='9':
            c=1
        else:
            d=1
    n=a+b+c+d
    if n==4:
        print('valid password')
    else:
        print('invalid password')
```

实验五

组合数据类型

【实验目的】

1. 熟悉列表和元组数据类型的基本操作。
2. 熟悉字典数据类型的基本操作。
3. 熟悉集合数据类型的基本操作。
4. 掌握列表的典型应用。
5. 掌握字典的典型应用。
6. 掌握集合的典型应用。

【实验准备】

完成主教材第 5 章内容的学习，掌握列表、元组、字典和集合的基本概念，能够对各组合数据类型中的元素进行基本操作（添加元素、删除元素、修改元素、查询元素），了解各组合数据类型的特点和应用场景，能够根据实际问题选择适当的组合数据类型并解决问题。

【实验内容】

1. 列表和元组元素的访问。
2. 列表元素的基本操作。
3. 列表的输入和输出。
4. 列表与元组的相互转换。
5. 字典的创建与访问。
6. 字典元素的基本操作。
7. 字典与列表的转换。
8. 集合的基本操作。
9. 集合的数学运算。

【实验步骤】

1．列表和元组元素的访问

步骤 1：从“开始”菜单启动 Python 3.10 IDLE。

步骤 2：在 Python 3.10 的 IDLE Shell 中，输入并执行如下代码，并注意观察相应的结果。

```
# 采用索引和切片方式访问列表元素
>>> list1=[71, 67, 66, 74, 77, 95, 74, 64, 100, 71]
>>> list1[1]        # 访问 list1 中第 2 个数据（索引位置值为 1）
67
>>>list1[-1]        # 访问 list1 中最后 1 个数据
71
>>>list1[20]        # 注意：索引值越界（此处超过 9），将报错
Traceback (most recent call last):
  File "<pyshell#1>", line 1, in <module>
    list1[20]
IndexError: list index out of range

>>> list1[::2]                # 访问 list1 的偶数索引位置上的数据
[71, 66, 77, 74, 100]
>>> list1[1::2]               # 访问 list1 的奇数索引位置上的数据
[67, 74, 95, 64, 71]
>>> list1[-2:-1]              # 访问 list1 中倒数第 2 个数据
[100]
>>> list1[-2:]                # 访问 list1 中最后 2 个数据
[100, 71]
>>> list1[:3]                 # 访问 list1 中前 3 个数据
[71, 67, 66]
```

步骤 3：在 Python 3.10 的 IDLE Shell 中，输入并执行如下代码，并注意观察相应的结果。

```
# 嵌套列表的元素的访问
>>> list2 = [[10,20,30],[40,50,60],[70,80,90]]
>>> list2[0]
[10, 20, 30]              # 访问 list2 的第 1 个元素（索引位置值为 0）
>>> list2[0][1]           # 访问 list2 的第 1 个元素中索引位置值为 1 的元素
20
```

```
>>> list2[-1]               # 访问 list2 的最后 1 个元素（列表）
[70,80,90]
>>> list2[-1][-1]           # 访问 list2 的最后 1 个元素（列表）中的最后 1 个元素
90
>>> list2[1][:-1]           # 访问 list2 的第 2 个元素中除最后 1 个元素外的所有元素
[40, 50]
```

步骤 4：在 Python 3.10 的 IDLE Shell 中，输入并执行如下代码，并注意观察相应的结果。

```
# for 循环遍历访问 list1 列表中的数据
>>> for i in list1:
        if i>70:
            print(i,end=" ")

71 74 77 95 74 100 71
```

步骤 5：在 Python 3.10 的 IDLE Shell 中，输入并执行如下代码，并注意观察相应的结果。

```
# for 循环遍历访问 list2 列表的所有数据
>>> for i in range(3):
        for j in range(3):
            print(list2[i][j],end=' ')
        print( )

10 20 30
40 50 60
70 80 90
```

2．列表元素的基本操作

步骤 1：从“开始”菜单启动 Python 3.10 IDLE。

步骤 2：在 Python 3.10 的 IDLE Shell 中，输入并执行如下代码，并注意观察相应的结果。

```
# 统计 list1 中的最高分、最低分、平均分
>>> list1=[71, 67, 66, 74, 77, 95, 74, 64, 100, 71]
>>> avgScore=sum(list1)/len(list1)
>>> maxScore=max(list1)
>>> minScore=min(list1)
>>> print("平均分：",avgScore,"最高分：",maxScore,"最低分：",minScore)
平均分：75.9 最高分：100 最低分：64
```

步骤 3：在 Python 3.10 的 IDLE Shell 中，输入并执行如下代码，并注意观察相应的结果。

```
# 去掉一个最高分和一个最低分，然后统计平均分
>>> list1=[71, 67, 66, 74, 77, 95, 74, 64, 100, 71]
>>> list2=list1[:]    # 复制 list1，生成 list2
>>> list2.sort()      # 将 list2 中数据按升序排序
>>> list2
[64, 66, 67, 71, 71, 74, 74, 77, 95, 100]
>>> list2.pop(0)      # 去掉一个最低分 64，pop() 方法通过指定元素索引位置实现移除
64
>>> list2.pop(-1)     # 去掉一个最高分 100
100
>>> list2
[66, 67, 71, 71, 74, 74, 77, 95]
>>> avgScore2=sum(list2)/len(list2)          # 计算平均分
>>> print("去掉一个最高分，去掉一个最低分后，平均分：",avgScore2)
去掉一个最高分，去掉一个最低分后，平均分：74.375
```

步骤 4：在 Python 3.10 的 IDLE Shell 中，输入并执行如下代码，并注意观察相应的结果。

```
# 列表元素的添加
>>> list1=[71, 67, 66, 74, 77, 95, 74, 64, 100, 71]
>>> list2=list1.copy()        # 复制 list1，生成 list2
>>> list2.append(0)           # 追加一个元素 0 到 list2 列表末尾
>>>list2
 [71, 67, 66, 74, 77, 95, 74, 64, 100, 71, 0]
>>> list3=[85,56]
>>> list2.extend(list3)       # 追加两个元素 85 和 56 到 list2 列表末尾
>>> len(list2)                # 查看 list2 的元素个数
13
>>> list2.insert(1,90)        # 在 1 号位置元素 67 的前面插入元素 90
>>> list2                     # 查看 list2 中的元素，注意新插入元素 90 的位置
[71, 90, 67, 66, 74, 77, 95, 74, 64, 100, 71, 0, 85, 56]
```

步骤 5：在 Python 3.10 的 IDLE Shell 中，输入并执行如下代码，并注意观察相应的结果。

```
# 列表元素的删除
>>> list2 = [71, 90, 67, 66, 74, 77, 95, 74, 64, 100, 71, 0, 85, 56]
list2[5:]=[]          # 使用切片赋值方式，删除 list2 中除前 5 个数据之外的其余元素
>>> list2
[71, 90, 67, 66, 74]
>>> list2.remove(67)   # 与 pop() 不同，remove() 通过指定元素值实现元素 67 的移除
>>> list2
[71, 90, 66, 74]
```

步骤 6：在 Python 3.10 的 IDLE Shell 中，执行“File”→“New File”命令新建文件，编辑如下代码，以文件名“实验 5-1 从列表中删除指定的所有元素 .py”保存在 D 盘根目录下，运行程序，观察程序的运行结果。

```
'''
实验 5-1 从列表中删除指定的所有元素 .py
输入指定要删除的数据，如果该数据在列表中不存在，输出“数据不存在”，否则删除之，如果有多个，则全部删除
'''
numbers = [78, 56, 90, 84, 59, 34, 78, 78, 88, 45]
print("numbers 列表：",numbers)
# 指定要删除的元素
value = int(input("请指定需要删除的数据："))
if value in numbers:
    # 使用 while 循环删除所有指定数据
    while value in numbers:
    numbers.remove(value)
    print(f"删除所有的 {value} 后的 numbers 列表：\n{numbers}")
else:
    print(f"数据 {value} 不存在")
```

（1）运行程序，当程序提示“请指定需要删除的数据：”时，输入“78”，然后按“Enter”键，可看到程序的运行结果显示“删除所有的 78 后的 numbers 列表：[56, 90, 84, 59, 34, 88, 45]”。

（2）再次运行程序，当程序提示“请指定需要删除的数据：”时，输入“77”，然后按“Enter”键，可看到程序的运行结果显示“数据 77 不存在”。

步骤 7：在 Python 3.10 的 IDLE Shell 中，输入并执行如下代码，并注意观察相应的结果。

```
# 列表的排序
# 注意比较内置函数 sorted() 与列表的 sort() 方法的差异
# 使用内置函数 sorted() 对列表排序，将生成一个新的排好序的列表，原列表不受影
# 响，而使用列表的 sort() 方法是对原列表自身进行排序，不生成新列表
#（1）使用内置函数 sorted() 实现排序
>>> list2=[71, 90, 66, 74]
>>> list3=list(sorted(list2,reverse=True)) # 对 list2 元素降序排序生成 list3
>>> list3
[90, 74, 71, 66]
>>> list2              # 注意：list2 的值并没有发生变化
[71, 90, 66, 74]
#（2）使用列表的 sort() 方法实现排序
>>> list2.sort(reverse=True)   # 使用列表的 sort() 方法对 list2 的元素进行降序
排序
>>> list2                      # 注意：list2 的内容发生了变化，按降序排列了
[90, 74, 71, 66]
```

步骤 8：在 Python 3.10 的 IDLE Shell 中，输入并执行如下代码，并注意观察相应的结果。

```
# 列表的反转
# 注意比较内置函数 reversed() 与列表的 reverse() 方法的差异
# 使用内置函数 reversed() 对列表进行反转，将生成一个新的反序的列表，原列表不受影
# 响，而用列表的 reverse() 方法是对原列表自身进行反序，不生成新列表
#（1）使用 reversed() 实现反转
>>> list2 = [71, 90, 66, 74]
>>> list4=list(reversed(list2))  # 使用 reversed() 反转 list2 的元素生成 list4
>>> list4
[74, 66, 90, 71]
>>> list2                        # 注意：list2 的内容并没有发生变化
[71, 90, 66, 74]
#（2）使用列表的 reverse( ) 方法实现反转
>>> list2.reverse()              # 使用列表的 reverse() 方法反转 list2 的元素
>>> list2                        # 注意：list2 的内容发生了变化，元素反转了
[74, 66, 90, 71]
```

3．列表的输入与输出

步骤 1：从“开始”菜单启动 Python 3.10 IDLE。

步骤 2：在 Python 3.10 的 IDLE Shell 中，输入并执行如下代码，并注意观察相应的结果。

```
# 列表的输入
#（1）一次性输入多个数据到列表中
>>> list1=list(map(int,input(" 请输入 :").split(",")))
请输入: 1,5,7,4,8  # 在“请输入:”后光标处输入“1,5,7,4,8”，然后按“Enter”键
>>> list1
[1,5,7,4,8]
#（2）一个一个地输入数据，然后追加到列表中
>>> list2=[]
>>> n=int(input(" 请输入一个数 :"))
请输入一个数 :10      # 在“请输入一个数:”后光标处输入“10”，然后按“Enter”键
>>> list2.append(n)
>>> list2
[10]
>>> n=int(input(" 请输入一个数 :"))
请输入一个数 :2       # 在“请输入一个数:”后光标处输入“2”，然后按“Enter”键
>>> list2.append(n)
>>> list2
[10,2]

#（3）直接采用带中括号的列表形式输入多个数据
>>> list3=[]
>>> nums=eval(input(" 请输入 :"))
请输入 :[11,22,33]        # 在“请输入:”后光标处输入“[11,22,33]”，然后按
“Enter”键
>>> list3.extend(nums)
>>> list3
[11,22,33]
>>> nums=eval(input(" 请输入 :"))
请输入 :[12,23,34]        # 在“请输入:”后光标处输入“[12,23,34]”，然后按
“Enter”键
>>> list3.extend(nums)
>>> list3
[11, 22, 33, 12, 23, 34]
```

步骤 3：在 Python 3.10 的 IDLE Shell 中，输入并执行如下代码，并注意观察相应的结果。

```
# 列表的输出
#（1）通过索引位置 i(0~n-1) 遍历列表的所有元素
>>> list1=[1,5,7,4,8]
>>> n = len(list1)
```

```
>>> for i in range(n):
        print(i)
1
5
7
4
8
#（2）通过列表的序列对象依次访问每个元素
>>> for item in list1:
        print(item,end='\t')
1    5    7    4    8

#（3）嵌套列表的输出
>>> list3=[[1,2,3],[4,5,6],[7,8,9],[10,11,12],[13,14,15]]
>>> for i in range(len(list3)):
        for item in list3[i]:
            print(item,end='\t')
        print()
1    2    3
4    5    6
7    8    9
10   11   12
13   14   15
```

步骤4：在Python 3.10的IDLE Shell中，执行“File”→“New File”命令新建文件，编辑如下代码，以文件名“实验5-2 输入多个数据然后按指定格式输出.py”保存在D盘根目录下，运行程序，观察程序的运行结果。

```
'''
实验5-2 输入多个数据然后按指定格式输出.py
输入n（n>10）个数据到一个列表中，然后按每行5个数据的形式
输出该列表的所有数据
'''
n = int(input("请指定输入数据的个数n（n>10）："))
numbers=[]
# 输入n个数据到列表numbers中
for i in range(n):
    num = int(input("输入第{}个数字：".format(i+1)))
    numbers.append(num)
```

```
# 输出列表，每行输出 5 个数据
print(" 按每行 5 个输出：")
for i in range(n):
    print(numbers[i],end='\t')
    if (i+1)%5==0:
        print()
```

步骤 5：在 Python 3.10 的 IDLE Shell 中，执行“File”→“New File”命令新建文件，编辑如下代码，以文件名“实验 5-3 向有序列表中插入新数据 .py”保存在 D 盘根目录下，运行程序，观察程序的运行结果。

（1）运行程序，当程序提示“请输入要插入的数字：”时，输入“12”，然后按“Enter”键，可看到程序的运行结果显示“插入新元素后的 numbers 列表：12 34 45 56 59 78 78 78 84 88 90”。

（2）再次运行程序，当程序提示“请输入要插入的数字：”时，输入“77”，然后按“Enter”键，可看到程序的运行结果显示“插入新元素后的 numbers 列表：34 45 56 59 77 78 78 78 84 88 90”。

（3）再次运行程序，当程序提示“请输入要插入的数字：”时，输入“100”，然后按“Enter”键，可看到程序的运行结果显示“插入新元素后的 numbers 列表：34 45 56 59 78 78 78 84 88 90 100”（100 比列表 numbers 中所有的数都大，因此插到了末尾）。

```
'''
实验 5-3 向有序列表中插入新数据 .py
已知列表 numbers，请将 numbers 中的数据按升序排序
输入一个新的数，将其插入到列表 numbers 中的合适位置，以保持 numbers 中元素的大小顺序，
然后重新输出 numbers 列表的数据
'''
numbers=[78, 56, 90, 84, 59, 34, 78, 78, 88, 45]
numbers.sort()
print("numbers 列表：",numbers)

new_number = int(input(" 请输入要插入的数字：")）

# 遍历列表查找插入位置
inserted = False
for i in range(len(numbers)):
    if new_number < numbers[i]:
```

```
            numbers.insert(i, new_number)   # 在合适的位置插入新数字
            inserted = True
            break

if not inserted:   # 如果新数字最大，则追加到列表末尾
    numbers.append(new_number)

# 重新输出 numbers 的内容
print("插入新元素后的 numbers 列表：")
for i in numbers:
    print(i,end=' ')
```

4．列表与元组的相互转换

步骤 1：从“开始”菜单启动 Python 3.10 IDLE。

步骤 2：在 Python 3.10 的 IDLE Shell 中，输入并执行如下代码，并注意观察相应的结果。

```
# 列表转换为元组
>>> list1=[i**2 for i in range(1,9)]     # 采用列表推导式生成列表 list1
>>> tup1=tuple(list1)          # 将列表转换为元组
>>> tup1
(1, 4, 9, 16, 25, 36, 49, 64)
>>> tup1.append(0)          # 注意：元组是不可修改的，不能添加、删除或修改元素
Traceback (most recent call last):
  File "<pyshell#74>", line 1, in <module>
    tup1.append(0)
AttributeError: 'tuple' object has no attribute 'append'

# 元组转换为列表
>>> list2=list(tup1)
>>> list2
[1, 4, 9, 16, 25, 36, 49, 64]
>>> list2.append(81)          # 列表是可修改的
>>> list2
[1, 4, 9, 16, 25, 36, 49, 64, 81]
```

5．字典的创建与访问

步骤 1：从“开始”菜单启动 Python 3.10 IDLE。

步骤 2：在 Python 3.10 的 IDLE Shell 中，输入并执行如下代码，并注意观察相应的结果。

```
# 通过键盘输入数据，创建字典并添加新的字典元素
>>> dict1=dict()            # 创建一个空字典
>>> name=input("请输入姓名：")
请输入姓名：孙怡莎 # 在“请输入姓名：”后输入“孙怡莎”，按“Enter”键
>>> age=int(input("请输入年龄："))
请输入年龄：22              # 在“请输入年龄：”后输入“22”，按“Enter”键
>>> dict1[name]=age
>>> dict1
{'孙怡莎': 22}
>>> dict2={'马龙':30,'陈梦圆':25}
>>> dict2
{'马龙':30,'陈梦圆':25}
>>> dict1.update(dict2)       # 将 dict2 中的数据添加到 dict1 中
>>> dict1
{'孙怡莎': 22, '马龙': 30, '陈梦圆': 25}
>>> len(dict1)                        # 查看字典 dict1 中元素的个数
3
# 当“键”相同时，会用新的“值”替换原来的“值”
>>> dict1.update({'孙怡莎': 20})  # 将“孙怡莎”的年龄改为 20
>>> dict1
{'孙怡莎': 20, '马龙': 30, '陈梦圆': 25}
```

步骤 3：在 Python 3.10 的 IDLE Shell 中，输入并执行如下代码，并注意观察相应的结果。

```
# 通过字典元素的“键”访问对应元素的“值”
#（1）字典中该“键”存在的情况
>>> dict1={'孙怡莎': 20, '马龙': 30, '陈梦圆': 25}
>>> name=input("请输入姓名：")
请输入姓名：马龙       # 在“请输入姓名：”后输入“马龙”，按“Enter”键
>>> print(name,'的年龄：',dict1[name])
马龙的年龄：30

#（2）字典中该“键”不存在的情况
>>> name=input("请输入姓名：")
请输入姓名：张山       # 在“请输入姓名：”后输入“张山”，按“Enter”键
>>> dict1[name]    # 当使用字典中不存在的“键”访问元素时会报错
```

```
Traceback (most recent call last):
  File "<pyshell#97>", line 1, in <module>
    dict1[name]
KeyError: '张山'
# 为了避免使用不存在的“键”访问元素时报错，可以先判断一下“键”是否存在
>>> if name in dict1:
        print(name,'的年龄：',dict1[name])
    else:
        print('查无此人')

查无此人
```

步骤4：在Python 3.10的IDLE Shell中，输入并执行如下代码，并注意观察相应的结果。

```
# 字典的遍历
#（1）遍历字典的所有“键”
# 输出所有人的名字
>>> dict1 = {'孙怡莎': 20, '马龙': 30, '陈梦圆': 25}
>>> for key in dict1.keys():
        print(key,end="\t")

孙怡莎	马龙	陈梦圆

#（2）遍历字典的所有“值”
# 计算所有人的平均年龄
>>> dict1 = {'孙怡莎': 20, '马龙': 30, '陈梦圆': 25}
>>> s = 0
>>> for value in dict1.values():    # 遍历dict1中的每个“值”——年龄
        print(value,end="\t")
        s += value
20	30	25
>>> s/len(dict1)     # 计算平均年龄
25.0

#（3）遍历字典的所有“键值对”
# 输出dict1中所有内容
>>> dict1 = {'孙怡莎': 20, '马龙': 30, '陈梦圆': 25}
>>> for item in dict1.items():
        print(item)     # item为元组类型
```

```
('孙怡莎', 20)
('马龙', 30)
('陈梦圆', 25)

>>> for item in dict1.items():
        print(item[0],item[1])   # item元组的第0项对应“键”，第1项对应“值”

孙怡莎 20
马龙 30
陈梦圆 25
```

6．字典元素的基本操作

步骤 1：从“开始”菜单启动 Python 3.10 IDLE。

步骤 2：在 Python 3.10 的 IDLE Shell 中，输入并执行如下代码，并注意观察相应的结果。

```
# 字典元素的删除、添加、修改
>>> dict1={'孙怡莎': 20, '马龙': 30, '陈梦圆': 25}
>>> dict1['马龙']=28            # 修改“马龙”的年龄为28
>>> del dict1['马龙']           # 删除“马龙”的数据
>>> del dict1['陈梦圆']         # 删除“陈梦圆”的数据
>>> dict1['马龙']=35            # 新增“马龙”的数据
>>> dict1

>>> '马龙' in dict1
True
>>> '陈梦圆' in dict1
False
>>> len(dict1)
2
  >>> print("平均年龄：",sum(dict1.values())/len(dict1))
平均年龄：27.5
```

步骤 3：在 Python 3.10 的 IDLE Shell 中，输入并执行如下代码，并注意观察相应的结果。

```
# 字典的赋值与复制，注意赋值与复制的区别
#（1）字典的赋值
>>> dict1={'孙怡莎': 20, '马龙': 30, '陈梦圆': 25}
```

```
>>> dict3=dict1                   # 字典的赋值
>>> dict3
{'孙怡莎': 20, '马龙': 30, '陈梦圆': 25}
>>> dict1['马龙']=28              # 修改 dict1 中'马龙'的年龄为 28
>>> dict1
{'孙怡莎': 20, '马龙': 28, '陈梦圆': 25}
>>> dict3                         # dict3 的内容与 dict1 同步发生了修改
{'孙怡莎': 20, '马龙': 28, '陈梦圆': 25}
>>> id(dict1) == id(dict3)    # dict1 与 dict3 的 id 相同，说明引用的是同一个字典
True
>>> dict1 == dict3                # dict1 与 dict3 的内容相同
True

#（2）字典的复制
>>> dict1={'孙怡莎': 20, '马龙': 30, '陈梦圆': 25}
>>> dict4=dict1.copy()            # 字典的复制
>>> dict4
{'孙怡莎': 20, '马龙': 30, '陈梦圆': 25}
>>> dict1['马龙']=28              # 修改 dict1 中'马龙'的年龄为 28
>>> dict1
{'孙怡莎': 20, '马龙': 28, '陈梦圆': 25}
>>> dict4                         # dict4 中的数据没有因为 dict1 的修改而变化
{'孙怡莎': 20, '马龙': 30, '陈梦圆': 25}
>>> id(dict1) == id(dict4)    # dict1 与 dict4 的 id 不同说明引用的是两个不同的
字典
False
>>> dict1 == dict4                # dict1 与 dict4 的内容不相同
False
```

步骤 4：在 Python 3.10 的 IDLE Shell 中，执行"File"→"New File"命令新建文件，编辑如下代码，以文件名"实验 5-4 订单金额计算 .py"保存在 D 盘根目录下，运行程序，观察程序的运行结果。

```
'''
实验 5-4 订单金额计算 .py
键盘逐条输入所有订单的订单号和订单金额，然后计算所有订单的总金额，并输出金额超过订单
平均金额的所有订单的信息
'''
n=int(input("请输入订单数量："))
# 输入 n 个订单的编号和金额信息，放到字典中存放
```

```
orders={}     #空字典
for i in range(n):
    id=input("订单编号：")
    amount=float(input("订单金额："))
    orders[id]=amount
print(orders)

# 计算所有订单的总金额
total_amount=sum(orders.values())

# 计算订单平均金额
avg_amount=total_amount/n
print(f"订单平均金额：{avg_amount:.2f}")

# 遍历订单字典，输出金额超过订单平均金额的订单信息
print("金额超过订单平均金额的订单：")
for id in orders:
    if orders[id]>avg_amount:
        print(id,orders[id])
```

7．字典与列表的转换

步骤 1：从“开始”菜单启动 Python 3.10 IDLE。

步骤 2：在 Python 3.10 的 IDLE Shell 中，输入并执行如下代码，并注意观察相应的结果。

```
# 字典的“键”转换为列表
>>> dict1={'孙怡莎': 20, '马龙': 28, '陈梦圆': 25}
>>> list1=list(dict1)
>>> list1
['孙怡莎', '马龙', '陈梦圆']

# 字典的“值”转换为列表
>>> list2=list(dict1.values())
>>> list2
[20, 28, 25]

>>> list2.sort()
>>> dict2=dict(zip(list1,list2))     # 借助内置函数 zip() 将两个列表合并为字典
>>> dict2
{'孙怡莎': 20, '马龙': 25, '陈梦圆': 28}
```

8．集合的基本操作

步骤 1：从“开始”菜单启动 Python 3.10 IDLE。

步骤 2：在 Python 3.10 的 IDLE Shell 中，输入并执行如下代码，并注意观察相应的结果。

```
# 集合元素的添加
>>> set1=set()                    # 创建空集合
>>> set1.add("中国")
>>> set2={"日本","韩国"}
>>> set1.update(set2)             # 添加集合 set2 中的所有元素到 set1 中
>>> set1
{'日本', '韩国', '中国'}
>>> len(set1)
3
>>> set3={"中国","印度","俄罗斯","巴西","南非共和国"}
  >>> set1.update(set3)   # 注意：添加元素时，重复的元素将被删除
  >>> len(set1)
  7

# 集合元素的删除
  >>> set1.discard("印度")
  >>> set1.remove("南非共和国")
  >>> set1
  {'中国', '巴西', '俄罗斯', '韩国', '日本'}
  >>> "印度" in set1
  False
```

9．集合的数学运算

步骤 1：从“开始”菜单启动 Python 3.10 IDLE。

步骤 2：在 Python 3.10 的 IDLE Shell 中，输入并执行如下代码，并注意观察相应的结果。

```
>>> s1="hello"
>>> set4=set(s1)          # 通过字符串生成集合，重复的字符 'l' 将在集合中被去掉
>>> set4
{'h', 'o', 'l', 'e'}
```

```
>>> s2="welcome"        # 通过字符串生成集合，重复的字符 'e' 将在集合中被去掉
>>> set5=set(s2)
>>> set5
{'l', 'm', 'w', 'o', 'c', 'e'}

>>> print(f"{s1} 和 {s2} 共有的字符是：{ set4&set5}")
hello 和 welcome 共有的字符是：{'e', 'l', 'o'}
>>> print(f"{s1} 和 {s2} 覆盖的字符集是：{ set4|set5}")
hello 和 welcome 覆盖的字符集是：{'l', 'm', 'h', 'w', 'o', 'c', 'e'}
>>> print(f" 只在 {s1} 或 {s2} 中出现的字符是：{ set4^set5}")
只在 hello 或 welcome 中出现的字符是：{'m', 'h', 'c', 'w'}
```

步骤 3：在 Python 3.10 的 IDLE Shell 中，执行“File”→“New File”命令新建文件，编辑如下代码，以文件名“实验 5-5 集合运算 .py”保存在 D 盘根目录下，运行程序，观察程序的运行结果。

```
'''
实验 5-5 集合运算 .py
随机生成 10 个 [0,10] 范围内的整数，分别组成集合 A 和集合 B，输出 A 和 B 的内容、长度、
最大值、最小值以及它们的并集、交集和差集
'''
import random
A=set()
B=set()
for i in range(10):
    n=random.randint(0,10)
    # 随机将 n 加入集合 A 或 B 中
    flag=random.randint(0,1)
    if flag:
        A.add(n)
    else:
        B.add(n)
print(" 集合 A：",A," 最大值：",max(A)," 最小值：",min(A)," 长度：",len(A))
print(" 集合 B：",B," 最大值：",max(B)," 最小值：",min(B)," 长度：",len(B))
print("AB 并集：",A|B)
print("AB 交集：",A&B)
print("AB 差集：",A-B)
```

【实验作业】

1. 按要求完成如下操作：

（1）从键盘一次性输入 5 个 [60,100] 范围内的整数（用逗号分隔）代表分数，放入列表 L1 中，然后输出 L1 的内容。要求：包含多个 100 分。

```
输入示例：请输入 5 个 60 ～ 100 范围内的整数：100,80,75,100,90
输出示例：[100,80,75,100,90]
```

（2）使用列表推导式随机生成 10 个 [60,100] 范围内的整数代表分数，放入列表 L2 中，然后输出 L2 的内容。（由于数据是随机生成的，所以下面输出示例仅供参考格式。）

```
输出示例：[83, 86, 70, 94, 93, 95, 87, 87, 95, 73]
```

（3）将 L2 中的数据合并到 L1 中，然后输出 L1 的所有内容。

```
输出示例：[100, 80, 75, 100, 90, 83, 86, 70, 94, 93, 95, 87, 87, 95, 73]
```

（4）统计输出 100 分的人数。

```
输出示例：100 分有 2 人
```

（5）输出前三名的分数和后三名的分数。

```
输出示例：前三名的分数是 [100, 100, 95]
          后三名的分数是 [70, 73, 75]
```

（6）删除 L1 中所有的 100 分，然后输出 L1 的内容。

```
输出示例：[80, 75, 90, 83, 86, 70, 94, 93, 95, 87, 87, 95, 73]
```

（7）按分数段（60 ～ 69，70 ～ 79，80 ～ 89，90 ～ 99）统计 L1 中的分数分布情况。

```
输出示例：60 ～ 69：0 人
          70 ～ 79：3 人
          80 ～ 89：5 人
          90 ～ 99：5 人
```

2. 已知列表 numbers（如下所示）中有若干个按降序排列的数。现输入一个数，将其插到 numbers 中的合适位置，以保持 numbers 中元素的大小顺序，然后重新输出 numbers 列表的数据。要求：每行输出 6 个数据。

```
numbers = [100,88,81,80,75,71,69,65,60,59,30]
输入示例 1：请输入要插入的数 : 101
输出示例 1：101 100 88 81 80 75
            71 69 65 60 59 30
```

```
输入示例 2：请输入要插入的数： 25
输出示例 2：100 88 81 80 75 71
          69 65 60 59 30 25
输入示例 3：请输入要插入的数： 79
输出示例 3：100 88 81 80 79 75
          71 69 65 60 59 30
```

3. 输入 *n* 个字符串，将其存放在一个列表中，要求输出其中长度最长的字符串。注意：长度最长的字符串可能有多个（列表实现）。

```
输入示例：请输入一个整数 n，表示要输入的字符串个数：6
        请输入 6 个字符串：
        输入第 1 个字符串：Welcome
        输入第 2 个字符串：Hello
        输入第 3 个字符串：Excellent
        输入第 4 个字符串：Delicious
        输入第 5 个字符串：Good
        输入第 6 个字符串：Wonderful
输出示例：长度最长的字符串为：
        Excellent
        Delicious
        Wonderful
```

4. 字典 birth_data 中存放了人名和对应的出生月份数据，birth_data = { "Alice": 12, "Mike": 12, "John": 6, "Lucy": 3,"Joan": 6, "Jimmy": 12, "Smith": 8, "Daniel": 6 }。

（1）试统计同一月份过生日的人的数据，输出月份和对应的人名。

```
输出示例：同一月份过生日的人：
        12 月份： Alice, Mike, Jimmy
        6 月份： John, Joan, Daniel
        3 月份： Lucy
        8 月份： Smith
```

（2）如果要求按月份从小到大的顺序输出统计结果，如何修改（1）中的代码？

```
输出示例：同一月份过生日的人：(按月份顺序输出)
        3 月份： Lucy
        6 月份： John, Joan, Daniel
        8 月份： Smith
        12 月份： Alice, Mike, Jimmy
```

5. 输入一段英文文本（单词之间以空格分隔），请输出该文本中所有出现过的单词

（重复的单词只输出一次），并统计该文本中不同单词的数目。要求：每行输出 5 个单词。

```
输入示例：请输入一段英文文本（单词之间以空格分隔）：What is your name My name is Mike What is his name His name is John What is her name Her name is Lisa
输出示例：以上文本中，出现的不同单词有：
        name    What    My      Lisa    Mike
        her     Her     your    his     John
        is      His
        总共出现 12 个不同的单词
```

【实验作业参考答案】

1．参考代码

（1）

```
>>> L1 = list(map(int,input(" 请输入 5 个 60~100 范围内的整数：").split(",")))
请输入 5 个 60~100 范围内的整数：100,80,75,100,90
>>> print(L1)
[100, 80, 75, 100, 90]
```

（2）

```
>>> import random
>>> L2 = [random.randint(60,100) for i in range(10)]
>>> print(L2)
```

（3）

```
>>> L1.extend(L2)
>>> print(L1)
```

（4）

```
>>> print(f'100 分有 {L1.count(100)} 人 ')
```

（5）

```
>>> sortedL1 = sorted(L1,reverse=True) # 将 L1 的分数按降序排列生成 sortedL1
>>> rankHigh123 = sortedL1[:3]         # sortedL1 的前三项为最高的三个分数
>>> rankLow123 = sortedL1[-1:-4:-1]    # sortedL1 的后三项为最低的三个分数
>>> print(f' 前三名的分数是 {rankHigh123}')
>>> print(f' 后三名的分数是 {rankLow123}')
```

（6）

```
>>> L1.remove(100)      # 移除第一个 100 分
>>> L1.remove(100)      # 移除第二个 100 分
>>> print(L1)
```

或

```
>>> L1 = [n for n in L1 if n!=100]     # 可移除 L1 中出现的任意多个 100 分
>>> print(L1)
```

（7）

```
>>> L = [n//10 for n in L1]
>>> for i in range(6,10):
...       print((f"{i}0~{i}9: {L.count(i)} 人"))
```

2. 参考代码

```
numbers = [100,88,81,80,75,71,69,65,60,59,30]
print("numbers 列表：",numbers)
# 输入要插入的数
new_number = int(input("请输入要插入的数 ："))

if new_number<numbers[-1]:  # 如果新数比所有数都小，则插到末尾
    numbers.append(new_number)
else: # 遍历列表查找插入位置
    for i in range(len(numbers)):
        if new_number > numbers[i]:  # 找到第一个比新数小的位置
            numbers.insert(i, new_number)
            break

# 输出结果，每行输出 6 个数据
n=len(numbers)
for i in range(n):
    print(numbers[i], end=' ')
    if (i+1) % 6 == 0:  # 每 6 个数据换行
        print()  # 输出换行
```

3. 参考代码

```
# 输入 n 的值
n = int(input("请输入一个整数 n，表示要输入的字符串个数："))
```

```
# 输入n个字符串到列表中
strings = []
print(f"请输入{n}个字符串：")
for i in range(n):
    string = input(f"输入第{i+1}个字符串：")
    strings.append(string)

# 找到最长字符串的长度
max_length = 0
for string in strings:
    if len(string) > max_length:
        max_length = len(string)

# 找到所有长度为max_length的字符串
longest_strings = [string for string in strings if len(string) == max_
length]

# 输出最长的字符串
print("长度最长的字符串为：")
for longest_string in longest_strings:
    print(longest_string)
```

4．参考代码

```
# 定义存放每个人生日月份信息的字典
birth_data = {
    "Alice": 12, "Mike": 12, "John": 6, "Lucy": 3,
    "Joan": 6, "Jimmy": 12, "Smith": 8, "Daniel": 6
}

# 初始化一个新的字典来存储月份和对应的人名
month_dict = {}

# 遍历birth_data字典，生成字典month_dict
# month_dict字典的“键”为月份，对应的“值”为列表，由该月份过生日的人名构成
for name, month in birth_data.items():
    if month not in month_dict:
        month_dict[month] = []        # 初始化列表
    month_dict[month].append(name)    # 添加名字到对应月份的列表
```

```
#（1）输出结果（月份无序）
print("同一月份过生日的人：")
for month, names in month_dict.items():
    print(f"{month}月份：  {', '.join(names)}")

#（2）输出结果（按月份顺序输出）
print("同一月份过生日的人:(按月份顺序输出）")
for month in range(1,13):
    if month in month_dict:
        print(f"{month}月份：  {', '.join(month_dict[month])}")
```

5．参考代码

```
# 输入文本
text=input("请输入一段英文文本（单词之间以空格分隔）：")

# 使用split()方法将文本分割成单词，并使用集合去重
words = text.split()
unique_words = set(words)

# 统计不同单词的数量
count = len(unique_words)

# 输出所有不同的单词
print("以上文本中，出现的不同单词有：")
n=0
for w in unique_words:
    print(w,end='\t')
    n+=1
    if n==5:  # 每输出5个单词就换行
        print()
        n=0
print()

# 输出不同单词的数量
print(f"总共出现{count}个不同的单词")
```

实验六 函数

【实验目的】

1. 理解 Python 函数的基本概念和功能。
2. 掌握 Python 中函数的定义与调用方法。
3. 理解函数参数的两种不同传递机制，掌握不同类型的函数参数。
4. 理解变量的作用域。
5. 掌握递归函数的定义与调用。
6. 掌握匿名函数的定义与调用。

【实验准备】

完成主教材第 6 章内容的学习，理解 Python 函数的基本概念和功能，熟悉函数的定义与调用、参数、变量的作用域、递归函数、匿名函数等相关内容。

【实验内容】

1. 函数的定义与调用。
2. 调用函数时不同类型参数的使用。
3. 变量的作用域。
4. 递归函数的定义与调用。
5. 匿名函数的定义与调用。

【实验步骤】

1．函数的定义与调用

（1）无参数无返回值函数的定义与调用

步骤 1：从“开始”菜单启动 Python 3.10 IDLE。

步骤 2：在 Python 3.10 的 IDLE Shell 中，输入并执行如下代码，并注意观察相应结果。

```
# 定义函数print_hello，用于输出“Hello,world!”
>>> def print_hello():
        print("Hello,world!")
# 调用函数print_hello
>>> print_hello()
# 函数名首字母不能是数字
>>> def 3print():
        print("Hello,world!")                    # 语法错误
# 关键字不能用作函数名
>>> def import():
        print("Hello,world!")                    # 语法错误
# 函数名后面必须保留一对圆括号，括号内可以有参数，也可以为空；括号外冒号不能少
>>> def print_hello                              # 语法错误
>>> def print_hello()                            # 语法错误
# 函数体采用缩进书写规则，相对于def关键字必须保持一定的缩进
>>> def print_hello():
    print("Hello,world!")                        # 语法错误
```

步骤3：在Python 3.10的IDLE Shell中，执行“File”→“New File”命令新建文件，在打开的窗口中输入如下代码，以文件名“实验6-1.py”保存在D盘根目录下，运行程序，观察程序的运行结果。

```
def myprint():
    print("*" * 20)
    print("Hello,world!".center(20))
    print("*" * 20)

myprint()
```

思考：

如果希望得到图6-1所示的运行结果，应该对程序做怎样的修改？

图6-1　运行结果

（2）无参数有返回值函数的定义与调用

步骤 1：从“开始”菜单启动 Python 3.10 IDLE。

步骤 2：在 Python 3.10 的 IDLE Shell 中，输入并执行如下代码，并注意观察相应结果。

```
# 定义函数 func1，用于返回变量 x 的平方
>>> def func1():
        x = 4
        return x ** 2

# 调用函数 func1
>>> func1()
>>> print(func1())
# 调用函数时函数名后面的圆括号不能少，否则将输出函数名和它的内存地址
>>> func1
>>> print(func1)
```

步骤 3：在 Python 3.10 的 IDLE Shell 中，执行“File”→“New File”命令新建文件，在打开的窗口中输入如下代码，以文件名“实验 6-2.py”保存在 D 盘根目录下，运行程序，观察程序的运行结果。

```
def print_hi():
    str = "Mary"
    return "Hi," + str

print_hi()
print(print_hi())
```

（3）有参数无返回值函数的定义与调用

步骤 1：从“开始”菜单启动 Python 3.10 IDLE。

步骤 2：在 Python 3.10 的 IDLE Shell 中，输入并执行如下代码，并注意观察相应结果。

```
# 定义函数 print_city，用于实现输出欢迎到指定城市的功能
>>> def print_city(name):
        print("Welcome to " + name)
# 调用函数 print_city
>>> print_city("Wuhan")
>>> print_city("Beijing")
# 定义函数 mysum，用于输出两个数的和
>>> def mysum(x, y):
```

```
        print("{}+{}={}".format(x, y, x + y))
# 调用函数 mysum
>>> mysum(5, 3)
>>> mysum(5.3, 2.2)
# 调用有参函数时，圆括号中的参数不能少
>>> mysum()                                    # 类型错误
```

步骤 3：在 Python 3.10 的 IDLE Shell 中，执行“File”→“New File”命令新建文件，在打开的窗口中输入如下代码，以文件名“实验 6-3.py”保存在 D 盘根目录下，运行程序，观察程序的运行结果。

```
# 输入矩形长和宽的值，输出矩形的面积
def area(len, wid):
    print("长为{}宽为{}的矩形的面积为{}".format(len, wid, len * wid))

length = eval(input("请输入矩形的长："))
width = eval(input("请输入矩形的宽："))
area(length, width)
```

（4）有参数有返回值函数的定义与调用

步骤 1：从“开始”菜单启动 Python 3.10 IDLE。

步骤 2：在 Python 3.10 的 IDLE Shell 中，输入并执行如下代码，并注意观察相应结果。

```
# 定义函数 is_odd，用于判断一个数是否是奇数
>>> def is_odd(num):
        if num % 2 != 0:
            return True
        else:
            return False
# 调用函数 is_odd
>>> is_odd(3)
>>> is_odd(14)
>>> print(is_odd(3))
>>> print(is_odd(14))
```

步骤 3：在 Python 3.10 的 IDLE Shell 中，执行“File”→“New File”命令新建文件，在打开的窗口中输入如下代码，以文件名“实验 6-4.py”保存在 D 盘根目录下，运行程序，观察程序的运行结果。

```
# 输入一个整数，判断其是否为奇数
def is_odd(num):
```

```
    return num % 2 != 0

x = eval(input("请输入一个整数: "))
print(is_odd(x))
```

思考：

如何把“实验 6-3.py”中定义的 area 函数改写成一个有参数有返回值的函数并正确调用该函数？

2．调用函数时不同类型参数的使用

（1）位置参数

步骤 1：从“开始”菜单启动 Python 3.10 IDLE。

步骤 2：在 Python 3.10 的 IDLE Shell 中，输入并执行如下代码，并注意观察相应结果。

```
# 定义函数 func2，用于输出三个数
>>> def func2(x, y, z):
        print(x, y, z)
# 调用函数 func2，实参严格按位置顺序从左到右传递给相应的形参
>>> func2(1, 2, 3)
# 调换实参位置，再次调用函数 func2
>>> func2(1, 3, 2)
# 实参和形参的数量必须相同
>>> func2(3,4)                                    # 类型错误
>>> func2(3, 4, 5, 6)                             # 类型错误
```

步骤 3：在 Python 3.10 的 IDLE Shell 中，执行“File”→“New File”命令新建文件，在打开的窗口中输入如下代码，以文件名“实验 6-5.py”保存在 D 盘根目录下，运行程序，观察程序的运行结果。

```
def func3(v_list, item):
    v_list.append(item)

mylist = ['春', '夏', '秋']
func3(mylist, '冬')
print(mylist)
```

思考：

如果把语句“func3(mylist, '冬')”改为如下语句会怎样？

```
func3('冬', mylist)
```

（2）默认值参数

步骤 1：从“开始”菜单启动 Python 3.10 IDLE。

步骤 2：在 Python 3.10 的 IDLE Shell 中，输入并执行如下代码，并注意观察相应结果。

```
# 定义函数 order_tea，用于奶茶点单
>>> def order_tea(name, cup='中杯'):
        print("您点的茶品是：", name, cup)
# 调用函数 order_tea，可以不为设置了默认值的形参传值
>>> order_tea('茉莉奶绿')      # 调用时直接使用默认值
# 调用函数 order_tea，也可以通过显式赋值来替换默认值
>>> order_tea('茉莉奶绿', '大杯')
# 默认值参数只能出现在函数形参列表的最右端
>>> def order_tea(name, cup='中杯', sugar):      # 语法错误
```

步骤 3：在 Python 3.10 的 IDLE Shell 中，执行“File”→“New File”命令新建文件，在打开的窗口中输入如下代码，以文件名“实验 6-6.py”保存在 D 盘根目录下，运行程序，观察程序的运行结果。

```
'''
编写一个函数 calculate_interest，该函数接收本金（principal）、年利率（annual_
rate）和存期年数（years）作为参数，计算并返回简单利息的总和
简单利息的计算公式为：利息 = 本金 * 年利率 * 存期年数
'''

def calculate_interest(principal, annual_rate, years=3):
    return principal * annual_rate * years

print('1000元存三年期可获利息：', calculate_interest(1000, 0.05))
print('1000元存五年期可获利息：', calculate_interest(1000, 0.05, 5))
print('2000元存三年期可获利息：', calculate_interest(2000, 0.05))
print('2000元存五年期可获利息：', calculate_interest(2000, 0.05, 5))
```

（3）关键字参数

步骤 1：从“开始”菜单启动 Python 3.10 IDLE。

步骤 2：在 Python 3.10 的 IDLE Shell 中，输入并执行如下代码，并注意观察相应结果。

```
# 定义函数 func2，用于输出三个数
>>> def func2(x, y, z=6):
```

```
        print(x, y, z)
# 调用函数 func2，按参数名指定传入的参数
>>> func2(x=1, y=2)          # 给 x 和 y 指定值，z 使用默认值
>>> func2(x=1, y=2, z=3)     # x、y 和 z 均指定值
>>> func2(y=11, z=22, x=33)  # 实参和形参的顺序可以不一致
# 定义函数 order_tea，用于奶茶点单
>>> def order_tea(name, cup='中杯', sugar='五分糖'):
        print("您点的茶品是：", name, cup, sugar)
# 调用函数 order_tea，按参数名指定传入的参数
>>> order_tea(name='蜜桃多')
>>> order_tea(cup='大杯', name='蜜桃多')
>>> order_tea(cup='大杯', sugar='三分糖', name='蜜桃多')
```

步骤 3：在 Python 3.10 的 IDLE Shell 中，执行“File”→“New File”命令新建文件，在打开的窗口中输入如下代码，以文件名“实验 6-7.py”保存在 D 盘根目录下，运行程序，观察程序的运行结果。

```
'''
编写一个函数 calculate_roi，该函数接收初始投资金额（initial_invest）
和最终收益金额（final_amount）作为参数，计算并返回投资回报率（ROI）
ROI 的计算公式为：ROI = [(最终收益金额 - 初始投资金额) / 初始投资金额] * 100%
'''
def calculate_roi(initial_invest, final_amount):
    roi = ((final_amount - initial_invest) / initial_invest) * 100
    return roi

myroi = calculate_roi(final_amount=1200, initial_invest=1000)
print(f"ROI:{myroi}%")
```

（4）可变参数

步骤 1：从“开始”菜单启动 Python 3.10 IDLE。

步骤 2：在 Python 3.10 的 IDLE Shell 中，输入并执行如下代码，并注意观察相应结果。

```
# 定义函数 func4
>>> def func4(*p):
        print(p)
# 调用函数 func4
>>> func4(2, 4, 6)          # 多个实参被组装成元组 p
# 定义函数 func5
>>> def func5(**q):
```

```
        for i in q.items():
            print(i)
# 调用函数 func5
>>> func5(a=1, b=2, c=3)    # 多个实参被组装成字典 q
>>> func5(name='李明', age=19, sex='F')    # 多个实参被组装成字典 q
```

步骤 3：在 Python 3.10 的 IDLE Shell 中，执行“File”→“New File”命令新建文件，在打开的窗口中输入如下代码，以文件名“实验 6-8.py”保存在 D 盘根目录下，运行程序，观察程序的运行结果。

```
def mysum(*numbers):
    sum = 0
    for i in numbers:
        sum += i
    return sum

print(mysum(1, 2, 3, 4, 5))
```

3．变量的作用域

步骤 1：从“开始”菜单启动 Python 3.10 IDLE。

步骤 2：在 Python 3.10 的 IDLE Shell 中，执行“File”→“New File”命令新建文件，在打开的窗口中输入如下代码，以文件名“实验 6-9.py”保存在 D 盘根目录下，运行程序，观察程序的运行结果。

```
x = 5                                # 全局变量
def func6():
     y = 8                           # 局部变量
     print("函数内：x =", x)          # 函数内可以访问全局变量
     print("函数内：y =", y)          # 函数内可以访问局部变量

func6()                              # 调用函数
print("函数外：x =", x)               # 函数外可以访问全局变量
print("函数外：y =", y)               # 本行报错，函数外不能访问局部变量
```

步骤 3：再次执行“File”→“New File”命令新建文件，在打开的窗口中输入如下代码，以文件名“实验 6-10.py”保存在 D 盘根目录下，运行程序，观察程序的运行结果。

```
x = 5                                # 全局变量
def func7():
```

```
    x = 8                               # 同名局部变量
    print("函数内：x =", x)              # 函数内局部变量会屏蔽同名全局变量

func7()                                 # 调用函数
print("函数外：x =", x)                  # 函数外访问的是全局变量
```

步骤 4：再次执行“File”→“New File”命令新建文件，在打开的窗口中输入如下代码，以文件名“实验 6-11.py”保存在 D 盘根目录下，运行程序，观察程序的运行结果。

```
x = 5                                   # 全局变量
def func8():
    global x                            # 将 x 提升为全局变量
    x = 8                               # 修改的是全局变量
    print("函数内：x =", x)

func8()                                 # 调用函数
print("函数外：x =", x)                  # 函数外访问的是被修改过的全局变量
```

步骤 5：再次执行“File”→“New File”命令新建文件，在打开的窗口中输入如下代码，以文件名“实验 6-12.py”保存在 D 盘根目录下，运行程序，观察程序的运行结果。

```
'''
编写一个函数 apply_discount，该函数接收原价（original_price）作为参数，将折扣率（discount_rate，以小数形式表示，如 0.1 表示 10% 的折扣）定义为全局变量，计算并返回折后价（discounted_price）
'''

discount_rate = 0.1                     # 全局变量记录折扣率

def apply_discount(original_price):
    discounted_price = original_price * (1 - discount_rate)
    return discounted_price

init = eval(input("请输入原价："))
final = apply_discount(init)
print(f"折扣率为{discount_rate}时，原价{init}折后价为{final}")
```

4．递归函数的定义与调用

步骤 1：从“开始”菜单启动 Python 3.10 IDLE。

步骤 2：在 Python 3.10 的 IDLE Shell 中，执行“File”→“New File”命令新建文件，

在打开的窗口中输入如下代码，以文件名“实验 6-13.py”保存在 D 盘根目录下，运行程序，观察程序的运行结果。

```
# 利用递归求整数 n 的阶乘，n!=1*2*3*4*…*n
def factorial(n):                              # 定义递归函数 factorial
    if n == 0:                                 # 边界条件，如果 n 为 0
        return 1                               # 返回 1
    else:
        return n * factorial(n - 1)            # 递归调用，按公式计算
print("Factorial of 5:", factorial(5))         # 调用 factorial，求 5!
print("Factorial of 10:", factorial(10))       # 调用 factorial，求 10!
```

步骤 3：在 Python 3.10 的 IDLE Shell 中，执行“File”→“New File”命令新建文件，在打开的窗口中输入如下代码，以文件名“实验 6-14.py”保存在 D 盘根目录下，运行程序，观察程序的运行结果。

```
# 利用递归求斐波拉契数列：0,1,1,2,3,5,8,13……
def fibonacci(n):                              # 定义递归函数 fibonacci
    if n <= 1:                                 # 边界条件，如果 n<=1
        return n                               # 返回 n 值
    else:
        return fibonacci(n-1) + fibonacci(n-2) # 递归调用，按公式计算

for i in range(10):
    print(fibonacci(i), end=' ')               # 输出斐波拉契数列的前 10 项
```

步骤 4：在 Python 3.10 的 IDLE Shell 中，执行“File”→“New File”命令新建文件，在打开的窗口中输入如下代码，以文件名“实验 6-15.py”保存在 D 盘根目录下，运行程序，观察程序的运行结果，理解递归调用执行过程。

```
'''
将给定字符串逆序输出，
例如，给定字符串“hello”，输出“olleh”，要求用递归实现
'''
def reverse_string(s):                      # 定义递归函数 reverse_string
    if len(s) == 0:                         # 边界条件
        return s
    else:
        return reverse_string(s[1:]) + s[0]  # 递归调用

print(reverse_string("hello"))              # 调用 reverse_string
```

5．匿名函数的定义与调用

步骤 1：从“开始”菜单启动 Python 3.10 IDLE。

步骤 2：在 Python 3.10 的 IDLE Shell 中，输入并执行如下代码，注意观察相应结果。

```
>>> f1 = lambda x, y : x + y                          # 将匿名函数赋值给变量
>>> f1(5, 6)                                          # 利用变量调用该函数
>>> f2 = lambda a, b=2, c=3 : a + b - c               # 使用默认值参数
>>> f2(4)
>>> f2(4, 5)
>>> f2(4, 5, 6)
>>> f3 = lambda x, y, z : x * x - y * z
>>> print(f3(y=7, z=3, x=1))                          # 使用关键字参数
>>> strs = ['aa', 'b', 'abcd', 'abc', 'a']
>>> strs.sort(key=lambda x : len(x))                  # 用匿名函数作为排序规则
>>> strs                                              # 查看排序结果
>>> strs.sort(key=lambda x : len(x), reverse=True)# 降序排列
>>> strs
# 以匿名函数作为列表元素
>>> list1 = [lambda x : x ** 0.5, lambda x : x ** 2, lambda x : x ** 3]
>>> print(list1[0](2), list1[1](2), list1[2](2))
# 以匿名函数作为字典元素
>>> dict1 = {'+':lambda x, y : x + y, '-':lambda x, y : x - y}
>>> print(dict1['+'](4, 3))
>>> print(dict1['-'](4, 3))
# 以匿名函数作为 filter 函数的过滤条件
>>> filtered = filter(lambda x : x > 3, range(10))
>>> list(filtered)
# 以匿名函数作为 map 函数的映射函数
>>> data = map(lambda x : x * 2, range(10))
>>> list(data)
```

【实验作业】

1．定义函数 max2(x, y)，用于输出 x 和 y 中较大的值；调用该函数，实现输入任意两个数，输出其中较大的值。

```
输入示例：请输入两个数：9,8
输出示例：max = 9
```

2. 定义函数print_triangle(n)，用于输出一个由n层“*”组成的直角三角形；调用该函数，实现输入层数，输出对应层数的直角三角形。

```
输入示例：请输入层数：3
输出示例：
*
**
***
输入示例：请输入层数：5
输出示例：
*
**
***
****
*****
```

3. 定义函数mysum(n)，求出1+2+…+n的结果；调用该函数，实现输入一个正整数k，求1+(1+2)+(1+2+3)+(1+2+3+4)+…+(1+2+3+4+…+k)的结果并输出。

```
输入示例：请输入一个正整数：4
输出示例：total = 20
```

4. 定义函数is_perfect_number(n)，用于判断一个整数n（n>1）是否是完美数。完美数的定义为其所有正除数（除了自身）之和等于该数本身的数。例如，28是一个完美数，因为它的正除数1、2、4、7、14的和等于28。调用该函数，求1000以内的所有完美数。

```
输出示例：6 28 496
```

5. 定义函数lucky_money(total, n)，模拟简单的微信发红包功能，total是红包总金额，n是红包数量，要求随机分配红包金额，使每人最少获得1分钱。调用该函数，实现针对输入的红包总金额和红包数量，输出各个红包的金额。

```
输入示例：请输入红包总金额（元）：10
          请输入红包数量：5
输出示例：[5.92, 2.63, 0.97, 0.29, 0.19]
```

6. 定义递归函数value(x, n)，用于计算多项式$p(x,n) = x-x^2+x^3-x^4+\cdots+(-1)^{n-1}x^n \ (n>0)$的值。调用该函数，实现针对输入的x和n的值输出多项式的值。原多项式经过变换后可得到其递归定义为：

$$p(x,n)=\begin{cases} x, & n=1 \\ x[1-p(x,n-1)], & n>1 \end{cases}$$

```
输入示例：x=2
          n=4
输出示例：-10
```

【实验作业参考答案】

1. 参考代码

```
def max2(x, y):
    return x if x >= y else y

a, b = eval(input("请输入两个数："))
print("max =", max2(a, b))
```

2. 参考代码

```
def print_triangle(n):
    i = 1
    while i <= n:
        print('*' * i)
        i += 1

m = eval(input("请输入层数："))
print_triangle(m)
```

3. 参考代码

```
def mysum(n):
    sum = 0
    for i in range(1, n + 1):
        sum += i
    return sum

k = eval(input("请输入一个正整数:"))
total = 0
for i in range(1, k + 1):
    total += mysum(i)
print("total =", total)
```

4. 参考代码

```
def is_perfect_number(n):
```

```
    if n <= 1:
        return False
    sum = 0
    for i in range(1, n):
        if n % i == 0:
            sum += i
    return sum == n

for i in range(2, 1001):
    if is_perfect_number(i):
        print(i, end=' ')
```

5. 参考代码

```
import random
def lucky_money(total, n):
    packets = []
    pay = 0
    for i in range(1, n):
        t = random.randint(1, (total - pay) - (n - i))
        packets.append(t / 100)
        pay += t
    packets.append((total - pay) / 100)
    return packets

money = eval(input("请输入红包总金额（元）："))
num = eval(input("请输入红包数量："))
print(lucky_money(money * 100, num))
```

6. 参考代码

```
def value(x, n):
    if n == 1:
        return x
    else:
        return x * (1 - value(x, n - 1))

x = eval(input("x="))
n = eval(input("n="))
print(value(x, n))
```

实验七 Python 数据库编程

【实验目的】

1. 理解 SQLite 数据库的基本概念和特点。
2. 学会在 Python 中建立和连接 SQLite 数据库。
3. 学会使用 SQL 语句在 SQLite 中创建数据库表。
4. 学会使用 SQL 语句插入数据到 SQLite 数据库表。
5. 学会使用 SQL 语句查询 SQLite 数据库表中的数据。
6. 学会使用 SQL 语句更新 SQLite 数据库表中的数据。
7. 学会使用 SQL 语句删除 SQLite 数据库表中的数据。
8. 理解上下文管理器的使用，自动管理数据库连接和游标资源。
9. 理解和实现参数化查询，以防止 SQL 注入等安全问题。
10. 理解事务处理的重要性以及如何在 Python 中实现错误回滚。
11. 理解 SQLite 数据表中约束条件的使用（如 UNIQUE、NOT NULL、CHECK）。

【实验准备】

1. 完成主教材第 8 章内容的学习，掌握数据库结构化查询语言、Python 数据库操作流程、基本数据库运算符和与数据库存储相关的数值类型等。

2. 确认 sqlite3 模块已安装（Python 内置模块，无需单独安装）。

3. 工具软件 SQLiteSpy 的安装（用来验证实验过程中相关数据库操作的结果）。

【实验内容】

1. 建立与连接 SQLite 数据库。
2. 创建数据库表。
3. 向数据库表中插入数据。
4. 使用 SQL 语句查询 SQLite 数据库表中的数据。
5. 使用 SQL 语句更新 SQLite 数据库表中的数据。

6. 使用 SQL 语句删除 SQLite 数据库表中的数据。

7. 使用参数化查询。

8. 使用数据库表的约束条件。

【实验步骤】

1. 建立与连接 SQLite 数据库

步骤 1：从“开始”菜单启动 Python 3.10 IDLE。

步骤 2：在 Python 3.10 的 IDLE Shell 中，执行“File”→“New File”命令，输入并执行如下代码。

```
# 导入模块
import sqlite3

# 创建数据库连接，创建或连接到名为 example.db 的数据库
conn = sqlite3.connect('example.db')

# 创建一个游标对象，利用游标对象来执行 SQL 语句
cursor = conn.cursor()

# 输出连接状态
print(" 数据库连接成功 ")

# 关闭游标
cursor.close()

# 关闭连接
conn.close()
```

步骤 3：在 Python 3.10 的 IDLE Shell 中，执行“File”→“Save”命令，以文件名“database-1.py”保存在 D 盘根目录下，然后执行“Run”→“Run Module”命令（或者按“F5”键），运行程序，注意观察相应结果。

2. 创建数据库表

步骤 1：从“开始”菜单启动 Python 3.10 IDLE。

步骤 2：在 Python 3.10 的 IDLE Shell 中，执行“File”→“New File”命令，输入并执行如下代码。

```
# 导入模块
import sqlite3

# 连接到实验项目 1 所创建的 example.db 的数据库
conn = sqlite3.connect('example.db')
cursor = conn.cursor()

# 创建数据库表
cursor.execute(''' CREATE TABLE IF NOT EXISTS users (
            id INTEGER PRIMARY KEY AUTOINCREMENT,
            name TEXT NOT NULL,
            age INTEGER NOT NULL
        )
    ''')

# 提交服务
conn.commit()

# 关闭游标
cursor.close()

# 关闭连接
conn.close()
```

步骤 3：在 Python 3.10 的 IDLE Shell 中，执行“File”→“Save”命令，以文件名“database-2.py”保存在 D 盘根目录下，然后执行“Run”→“Run Module”命令（或者按“F5”键），运行程序，注意观察相应结果。

步骤 4：打开工具软件 SQLiteSpy，执行“File”→“Open Database”命令，打开 D 盘根目录下新建立的“example.db”数据库，观察所创建的数据库表 users（可以看到 users 表中建立的三个列字段及其属性），如图 7-1 所示。

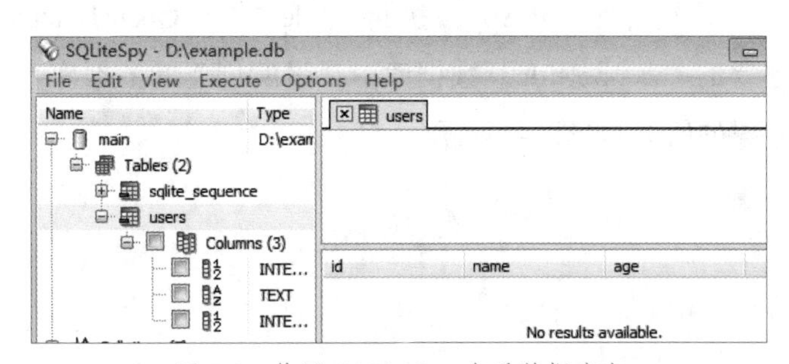

图 7-1　使用 SQLiteSpy 查看数据库表

3．向数据库表中插入数据

步骤 1：从“开始”菜单启动 Python 3.10 IDLE。

步骤 2：在 Python 3.10 的 IDLE Shell 中，执行“File”→“New File”命令，输入并执行如下代码。

```
# 导入模块
import sqlite3

# 连接到实验项目 1 所创建的 example.db 数据库
conn = sqlite3.connect('example.db')
cursor = conn.cursor()

# 向实验项目 2 所创建的数据库表 users 中插入数据
cursor.execute("INSERT INTO users (name, age) VALUES (?, ?)", ('Alice',
30))
cursor.execute("INSERT INTO users (name, age) VALUES (?, ?)", ('Bob',
25))

# 提交服务
conn.commit()

# 关闭游标
cursor.close()

# 关闭连接
conn.close()
```

步骤 3：在 Python 3.10 的 IDLE Shell 中，执行“File”→“Save”命令，以文件名“database-3.py”保存在 D 盘根目录下，然后执行“Run”→“Run Module”命令（或者按“F5”键），运行程序，注意观察相应结果。

步骤 4：打开工具软件 SQLiteSpy，执行“File”→“Open Database”命令，打开 D 盘根目录下新建立的“example.db”数据库，观察所创建的数据库表 users（可以看到 users 表中所添加字段的值），如图 7-2 所示。

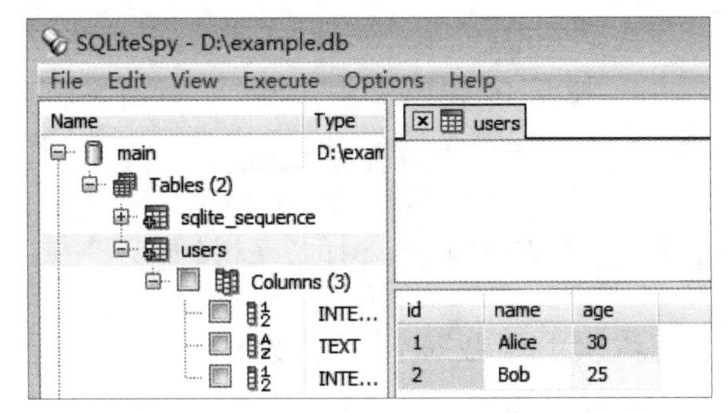

图 7-2　使用 SQLiteSpy 查看插入数据

4．使用 SQL 语句查询 SQLite 数据库表中的数据

步骤 1：从“开始”菜单启动 Python 3.10 IDLE。

步骤 2：在 Python 3.10 的 IDLE Shell 中，执行“File”→“New File”命令，输入并执行如下代码。

```
# 导入模块
import sqlite3

# 连接到实验项目 1 所创建的 example.db 数据库
conn = sqlite3.connect('example.db')
cursor = conn.cursor()

# 查询实验项目 2 所创建的数据库表 users 中的所有数据
cursor.execute("SELECT * FROM users")
rows = cursor.fetchall()
for row in rows:
    print(row)

# 提交服务
conn.commit()

# 关闭游标
cursor.close()

# 关闭连接
conn.close()
```

步骤 3：在 Python 3.10 的 IDLE Shell 中，执行“File”→“Save”命令，以文件名“database-4.py”保存在 D 盘根目录下，然后执行“Run”→“Run Module”命令（或者按

“F5”键），运行程序，注意观察相应结果，如图 7-3 所示。

```
(1, 'Alice', 30)
(2, 'Bob', 25)
```

图 7-3 “database-4.py”运行结果

5．使用 SQL 语句更新 SQLite 数据库表中的数据

步骤 1：从“开始”菜单启动 Python 3.10 IDLE。

步骤 2：在 Python 3.10 的 IDLE Shell 中，执行“File”→“New File”命令，输入并执行如下代码。

```
# 导入模块
import sqlite3

# 连接到实验项目 1 所创建的 example.db 数据库
conn = sqlite3.connect('example.db')
cursor = conn.cursor()

# 更新实验项目 2 所创建的数据库表 users 中的相关数据
cursor.execute("UPDATE users SET age = ? WHERE name = ?", (31, 'Alice'))

# 提交服务
conn.commit()

# 关闭游标
cursor.close()

# 关闭连接
conn.close()
```

步骤 3：在 Python 3.10 的 IDLE Shell 中，执行“File”→“Save”命令，以文件名“database-5.py”保存在 D 盘根目录下，然后执行“Run”→“Run Module”命令（或者按“F5”键），运行程序，注意观察相应结果。

步骤 4：打开工具软件 SQLiteSpy，执行“File”→“Open Database”命令，打开 D 盘根目录下新建立的“example.db”数据库，观察所创建的数据库表 users（可以看到 users 表中所更新的相应字段的值），如图 7-4 所示。

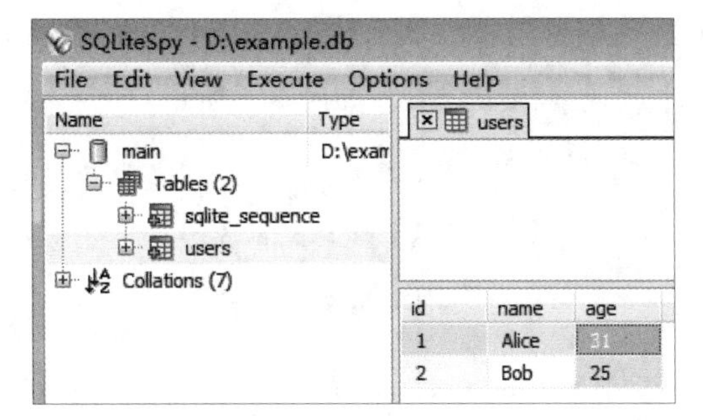

图 7-4 使用 SQLiteSpy 查看数据库表中更新的数据

6. 使用 SQL 语句删除 SQLite 数据库表中的数据

步骤 1：从“开始”菜单启动 Python 3.10 IDLE。

步骤 2：在 Python 3.10 的 IDLE Shell 中，执行“File”→“New File”命令，输入并执行如下代码。

```
# 导入模块
import sqlite3

# 连接到实验项目 1 所创建的 example.db 数据库
conn = sqlite3.connect('example.db')
cursor = conn.cursor()

# 删除实验项目 2 所创建的数据库表 users 中的相关数据
cursor.execute("DELETE FROM users WHERE name = ?", ('Bob',))

# 提交服务
conn.commit()

# 查询并输出结果验证
cursor.execute("SELECT * FROM users")
print(cursor.fetchall())

# 关闭游标
cursor.close()

# 关闭连接
conn.close()
```

步骤 3：在 Python 3.10 的 IDLE Shell 中，执行“File”→“Save”命令，以文件名

"database-6.py"保存在D盘根目录下，然后执行"Run"→"Run Module"命令（或者按"F5"键），运行程序，注意观察相应结果，如图7-5所示。

```
[(1, 'Alice', 31)]
```

图7-5 "database-6.py"运行结果

步骤4：打开工具软件SQLiteSpy，执行"File"→"Open Database"命令，打开D盘根目录下新建立的"example.db"数据库，观察所创建的数据库表users（可以看到users表中删除了"Bob"相关的值），如图7-6所示。

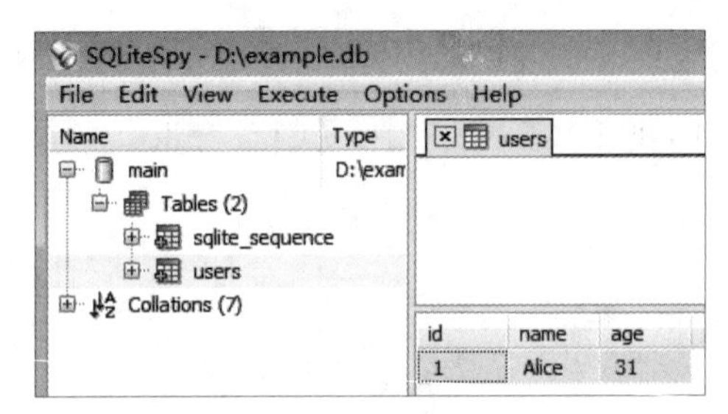

图7-6 使用SQLiteSpy查看数据库表中的数据

7．使用参数化查询

步骤1：从"开始"菜单启动Python 3.10 IDLE。

步骤2：在Python 3.10的IDLE Shell中，执行"File"→"New File"命令，输入并执行如下代码。

```
# 导入模块
import sqlite3

# 连接到实验项目1所创建的example.db数据库
conn = sqlite3.connect('example.db')
cursor = conn.cursor()

# 使用参数化查询插入数据
users = [('Tom', 23), ('Jerry', 29), ('Spike', 35)]
cursor.executemany("INSERT INTO users (name, age) VALUES (?, ?)", users)

# 提交服务
conn.commit()

# 查询并输出结果验证
```

```
cursor.execute("SELECT * FROM users")
print(cursor.fetchall())

# 关闭游标
cursor.close()

# 关闭连接
conn.close()
```

步骤 3：在 Python 3.10 的 IDLE Shell 中，执行“File”→“Save”命令，以文件名“database-7.py”保存在 D 盘根目录下，然后执行“Run”→“Run Module”命令（或者按“F5”键），运行程序，注意观察相应结果，如图 7-7 所示。

```
[(1, 'Alice', 31), (3, 'Tom', 23), (4, 'Jerry', 29), (5, 'Spike', 35)]
```

图 7-7 “database-7.py”运行结果

步骤 4：打开工具软件 SQLiteSpy，执行“File”→“Open Database”命令，打开 D 盘根目录下新建立的“example.db”数据库，观察所创建的数据库表 users，如图 7-8 所示。

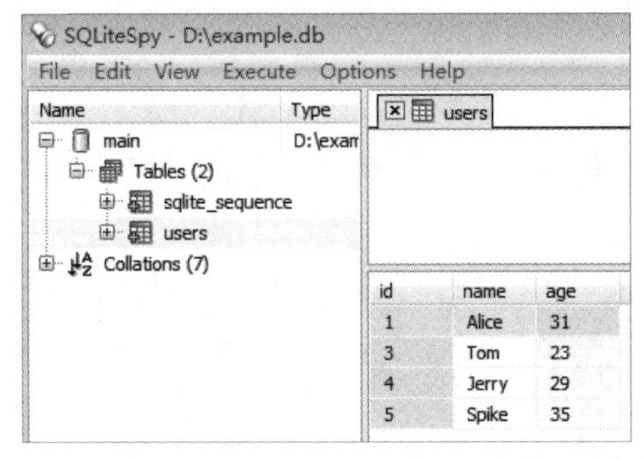

图 7-8 使用 SQLiteSpy 查看数据库表中的数据

8．使用数据库表的约束条件

步骤 1：从“开始”菜单启动 Python 3.10 IDLE。

步骤 2：在 Python 3.10 的 IDLE Shell 中，执行“File”→“New File”命令，输入并执行如下代码。

```
# 导入模块
import sqlite3

# 连接到实验项目 1 所创建的 example.db 数据库
conn = sqlite3.connect('example.db')
```

```
cursor = conn.cursor()
cursor.execute('''
CREATE TABLE IF NOT EXISTS accounts (
id INTEGER PRIMARY KEY AUTOINCREMENT,
username TEXT UNIQUE NOT NULL,
balance REAL CHECK(balance >= 0)   #余额不得为负
)
''')

# 插入数据并验证约束条件
try:
    cursor.execute("INSERT INTO accounts (username, balance) VALUES
(?, ?)", ('user1', 100.0))
    cursor.execute("INSERT INTO accounts (username, balance) VALUES
(?, ?)", ('user1', 200.0))  # 测试 UNIQUE 约束
    conn.commit()
except Exception as e:
    print(f"发生错误：{e}")
    conn.rollback()
finally:
    cursor.execute("SELECT * FROM accounts")
    print(cursor.fetchall())
# 关闭游标
cursor.close()
# 关闭连接
conn.close()
```

步骤 3：在 Python 3.10 的 IDLE Shell 中，执行“File”→“Save”命令，以文件名“database-8.py”保存在 D 盘根目录下，然后执行“Run”→“Run Module”命令（或者按“F5”键），运行程序，注意观察相应结果，如图 7-9 所示。

```
Traceback (most recent call last):
  File "D:/database_1.py", line 9, in <module>
    )''')
sqlite3.OperationalError: near "#余额不得为负": syntax error
```

图 7-9 “database-8.py”运行结果

【实验作业】

请以 SQLite 数据库为基础，使用 Python 语言编写一个简单的图书管理系统，要求实现以下功能：

（1）创建一个名为“BookStore.db”的数据库文件；

（2）新建一个名为“books”的数据库表，其字段定义为：

- id：整数类型，主键，自增长
- title：文本类型，图书标题
- author：文本类型，作者姓名
- publisher：文本类型，出版商
- year：整数类型，出版年份
- price：实数类型，图书价格（浮点数）

（3）向 books 表中插入至少 5 条图书信息；

（4）查询所有图书信息，并按照出版年份升序排列；

（5）更新图书《*Effective Python*》的信息（如价格为 30.99）；

（6）删除图书《*Fluent Python*》的信息（根据标题）；

（7）关闭数据库连接。

【实验作业参考答案】

参考代码

（1）创建一个名为“BookStore.db”的数据库文件

```
import sqlite3
conn = sqlite3.connect('Bookstore.db')
cursor = conn.cursor()
```

（2）新建一个名为“books”的数据库表

```
cursor.execute('''
CREATE TABLE IF NOT EXISTS books (
id INTEGER PRIMARY KEY AUTOINCREMENT,
title TEXT NOT NULL,
author TEXT NOT NULL,
publisher TEXT NOT NULL,
year INTEGER NOT NULL,
price REAL NOT NULL)
''')
conn.comit()
```

```
print(" 数据库表创建成功 !")
```

（3）向 books 表中插入至少 5 条图书信息

```
books_data = [
('Effective Python', 'Brett Slatkin', 'Addison-Wesley', 2015, 32.99),
('Python Crash Course', 'Eric Matthes', 'No Starch Press', 2015, 39.95),
('Learning Python', 'Mark Lutz', 'O\'Reilly Media', 2013, 59.99),
('Fluent Python', 'Luciano Ramalho', 'O\'Reilly Media', 2015, 49.99),
('Automate the Boring Stuff with Python', 'Al Sweigart', 'No Starch Press', 2020, 24.99)
]
cursor.executemany('''
INSERT INTO books (title, author, publisher, year, price)
VALUES (?, ?, ?, ?, ?)  ''', books_data)
conn.commit()
print(f" 成功插入 {len(books_data)} 条图书信息! ")
```

（4）查询所有图书信息，并按照出版年份升序排列

```
cursor.execute('SELECT * FROM books ORDER BY year ASC')
rows = cursor.fetchall()
print(" 图书信息（按出版年份升序排列）: ")
for row in rows:
    print(row)
```

（5）更新图书《*Effective Python*》的信息（如价格为 30.99）

```
book_title = 'Effective Python'
new_price = 30.99
cursor.execute(''' UPDATE books SET price = ? WHERE title = ?''', (new_price, book_title))
conn.commit()
print(f"{book_title} 的价格已更新为 {new_price}")
```

（6）删除图书《*Fluent Python*》的信息（根据标题）

```
book_to_delete = 'Fluent Python'
cursor.execute(''' DELETE FROM books WHERE title = ?''', (book_to_delete,))
conn.commit()
print(f"{book_to_delete} 的信息已删除 ")
```

（7）关闭数据库连接

```
cursor.close()
conn.close()
print("数据库连接已关闭。")
```

实验八 Python 数据分析与可视化

【实验目的】

1. 学会使用 NumPy、Pandas 进行数据处理和分析。
2. 学会使用 Matplotlib 实现数据可视化。
3. 理解数据分析的基本过程，包括数据读取、清洗、分析和可视化。

【实验准备】

1. 完成主教材第 9 章内容的学习与理解：NumPy 是一个功能强大的科学计算库，提供了多维数组对象和各种计算功能，用于高效地处理大规模数据集。Pandas 是基于 NumPy 的数据处理和分析库，提供了高效的数据结构和数据分析工具，如 Series 和 DataFrame，可用于数据清洗、预处理和分析。Matplotlib 是一个用于数据可视化的常用库，提供了绘制各种类型图表的函数，可以绘制折线图、柱状图、散点图、饼图等，并支持自定义图表样式。

2. 参考主教材第 9 章内容，安装 numpy、pandas、matplotlib 库（cmd 命令行下运行：pip install numpy pandas matplotlib）。

3. 数据集说明。使用一个包含某地区天气数据的 CSV 文件（文件保存有 3 个月的数据），文件名为“weather_data.csv”，包括以下内容。

- Date: 日期
- Temperature: 温度 (℃)
- Humidity: 湿度 (%)
- WindSpeed: 风速 (km/h)
- Rain: 雨量 (mm)

CSV 文件示例如下。

Date, Temperature, Humidity, WindSpeed, Rain

2024-01-01,15,30,5,0

2024-01-02,16,32,6,0

2024-01-03,14,35,7,2

……

【实验内容】

1. 数据读取：使用 Pandas 读取 CSV 文件数据。
2. 数据预处理：检查缺失值、处理数据格式、过滤数据。
3. 数据分析：平均量、最大最小量、总量。
4. 数据可视化（趋势图、条形图）。

【实验步骤】

1．数据读取：使用 Pandas 读取 CSV 文件数据

步骤 1：从“开始”菜单启动 Python 3.10 IDLE。

步骤 2：在 Python 3.10 的 IDLE Shell 中，执行“File”→“New File”命令，在打开的窗口中输入代码。

步骤 3：导入必要的库。

```
# 导入模块
import pandas as pd
import numpy as np
import matplotlib.pyplot as plt
```

步骤 4：数据读取。

```
# 使用 Pandas 读取 CSV 文件
data = pd.read_csv('weather_data.csv')

# 查看数据的前几行
print(data.head())
```

步骤 5：在 Python 3.10 的 IDLE Shell 中，执行“File”→“Save”命令，以文件名“analys.py”保存在 D 盘根目录下，然后执行“Run”→“Run Module”命令（或者按“F5”键），运行程序，注意观察相应结果，如图 8-1 所示。

	Date	Temperature	Humidity	WindSpeed	Rain
0	2024-01-01	10	50	5.0	0.0
1	2024-01-02	11	48	4.5	0.0
2	2024-01-03	9	52	6.0	0.1
3	2024-01-04	12	45	5.5	0.0
4	2024-01-05	7	60	3.0	0.5

图 8-1　查看数据源文件前几行

2．数据预处理：检查缺失值、处理数据格式、过滤数据

步骤 1：打开 analys.py 脚本文件，在其代码后继续输入如下代码。

```
# 检查缺失值
print(data.isnull().sum())
```

步骤 2：检查数据源文件缺失值运行结果如图 8-2 所示。

```
Date            0        Date            2
Temperature     0        Temperature     2
Humidity        0        Humidity        1
WindSpeed       0        WindSpeed       1
Rain            0        Rain            5
dtype: int64             dtype: int64
```

图 8-2　检查数据源文件缺失值运行结果（数据完备与数据缺失）

步骤 3：转换日期格式。

```
# 转换日期格式
data['Date'] = pd.to_datetime(data['Date'])
```

步骤 4：过滤出雨天数据，运行结果如图 8-3 所示。

```
# 过滤出雨天数据
rainy_days = data[data['Rain'] > 0]
print(rainy_days)
```

	Date	Temperature	Humidity	WindSpeed	Rain
2	2024-01-03	9	52	6.0	0.1
4	2024-01-05	7	60	3.0	0.5
7	2024-01-08	9	55	5.0	0.2
9	2024-01-10	8	62	3.5	1.0
12	2024-01-13	10	53	4.5	0.1
14	2024-01-15	7	60	3.0	0.3
17	2024-01-18	9	54	5.0	0.1
19	2024-01-20	8	61	3.5	0.5
20	2024-01-21	11	50	5.0	0.1
24	2024-01-25	7	59	3.0	0.2
27	2024-01-28	9	53	5.0	0.1
29	2024-01-30	8	60	3.5	0.4
32	2024-02-03	10	52	4.5	0.1
34	2024-02-05	8	60	3.0	0.3
37	2024-02-08	9	54	5.0	0.2
39	2024-02-10	7	62	3.5	0.5
40	2024-02-11	10	51	5.0	0.1
44	2024-02-15	9	59	3.0	0.2
47	2024-02-18	8	55	5.0	0.1
49	2024-02-20	7	61	3.5	0.4
52	2024-02-23	10	52	4.5	0.1
54	2024-02-25	8	60	3.0	0.3
57	2024-02-28	9	53	5.0	0.2

图 8-3　过滤出雨天数据

3．数据分析：平均量、最大最小量、总量

步骤 1：打开 analys.py 脚本文件，在其代码后继续输入如下代码。

步骤 2：计算温度统计量。

```
# 计算温度统计量
# 计算温度的均值
temperature_mean = data['Temperature'].mean()
# 计算温度的最大值
temperature_max = data['Temperature'].max()

# 计算温度的最小值
temperature_min = data['Temperature'].min()
```

步骤 3：计算湿度统计量。

```
# 计算湿度的平均值
humidity_mean = data['Humidity'].mean()
```

步骤 4：按照日期计算每天的雨量总和，运行结果如图 8-4 所示。

```
daily_rain = data.groupby('Date')['Rain'].sum().reset_index()
print(daily_rain)4：计算每天的雨量总和。
```

```
          Date  Rain
0   2024-01-01   0.0
1   2024-01-02   0.0
2   2024-01-03   0.1
3   2024-01-04   0.0
4   2024-01-05   0.5
...        ...   ...
83  2024-03-27   0.0
84  2024-03-28   0.2
85  2024-03-29   0.0
86  2024-03-30   0.5
87  2024-03-31   0.1
```

图 8-4　按照日期计算每天的雨量总和

4．数据可视化（趋势图、条形图）

步骤 1：打开 analys.py 脚本文件，在其代码后继续输入如下代码。

步骤 2：设置图形的风格。

```
# 设置图形的风格
plt.style.use('ggplot')
```

步骤 3：绘制温度变化趋势图，如图 8-5 所示。

```
# 绘制温度变化趋势图
plt.figure(figsize=(12, 6))
plt.plot(data['Date'], data['Temperature'],
label='Temperature (℃)', color='orange')
plt.title('Temperature Trend over Time')
plt.xlabel('Date')
plt.ylabel('Temperature (℃)')
plt.xticks(rotation=45)
plt.legend()
plt.tight_layout()
plt.show()
```

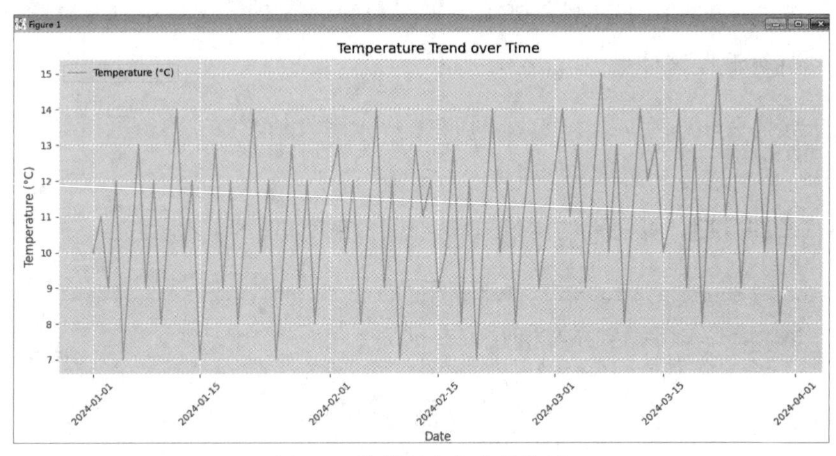

图 8-5　绘制温度变化趋势图

步骤 4：绘制湿度变化趋势图，如图 8-6 所示。

```
# 绘制湿度变化趋势图
plt.figure(figsize=(12, 6))
plt.plot(data['Date'], data['Humidity'], label='Humidity (%)',
color='blue')
plt.title('Humidity Trend over Time')
plt.xlabel('Date')
plt.ylabel('Humidity (%)')
plt.xticks(rotation=45)
plt.legend()
plt.tight_layout()
plt.show()
```

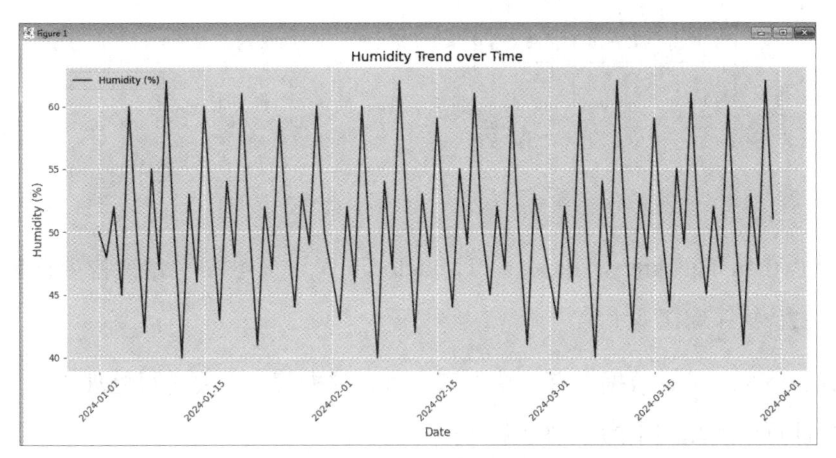

图 8-6　绘制湿度变化趋势图

步骤 5：绘制每天的雨量总和条形图，如图 8-7 所示。

```
# 绘制每天的雨量总和条形图
plt.figure(figsize=(12, 6))
plt.bar(daily_rain['Date'], daily_rain['Rain'],color='lightblue')
plt.title('Total Rainfall per Day')
plt.xlabel('Date')
plt.ylabel('Total Rainfall (mm)')
plt.xticks(rotation=45)
plt.tight_layout()
plt.show()
```

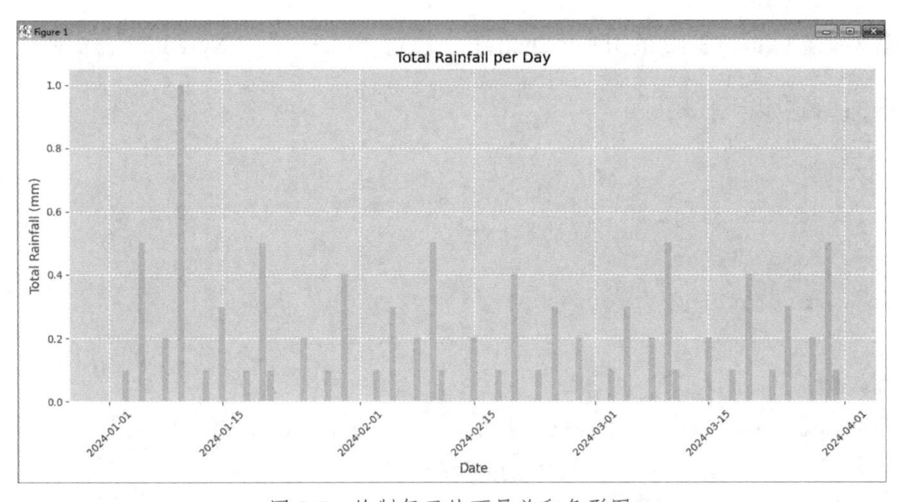

图 8-7　绘制每天的雨量总和条形图

【实验作业】

假定某电商平台销售数据格式如图 8-8 所示（数据集保存为 CSV 格式）。

订单ID	客户ID	产品类别	销售金额（元）	订单日期	城市
1001	101	电子产品	2500	2023-01-01	北京
1002	102	服装	500	2023-01-02	上海
1003	103	电子产品	3000	2023-01-03	广州
1004	104	家居用品	1500	2023-01-04	深圳
1005	105	服装	700	2023-01-05	重庆

图 8-8　某电商平台销售数据格式

请基于 Python 的 NumPy、Pandas 和 Matplotlib 库对该电商平台销售数据集进行数据分析和可视化，具体操作如下：

（1）数据清洗：检查数据中有无缺失值，若有缺失值，需要进行处理；

（2）统计每个产品类别的总销售金额；

（3）统计每个城市的总销售金额；

（4）计算所有订单的平均销售金额；

（5）绘制每个产品类别的销售金额条形图；

（6）绘制每个城市的销售金额条形图；

（7）绘制所有订单的销售金额直方图；

（8）按月统计总销售金额，并绘制折线图。

【实验作业参考答案】

实验步骤和参考代码

步骤 1：从“开始”菜单启动 Python 3.10 IDLE。

步骤 2：在 Python 3.10 的 IDLE Shell 中，执行“File”→“New File”命令。

步骤 3：编辑以下代码。

```
# 导入模块
import pandas as pd
import numpy as np
import matplotlib.pyplot as plt

# 加载数据
data = pd.read_csv('sales_data.csv',encoding='gb2312')
print(data.head())  # 查看数据的前几行

# 检查缺失值
print(data.isnull().sum())

# 若存在缺失值，可以选择填充或者删除
```

```
# data.dropna(inplace=True)  # 删除缺失值
# data.fillna(value=0, inplace=True)  # 用 0 填充缺失值

# 统计每个产品类别的总销售金额
category_sales = data.groupby('产品类别')['销售金额'].sum().reset_
index()
print(category_sales)

# 统计每个城市的总销售金额
city_sales = data.groupby('城市')['销售金额'].sum().reset_index()
print(city_sales)

# 计算所有订单的平均销售金额
avg_sales = data['销售金额'].mean()
print(f"所有订单的平均销售金额为: {avg_sales:.2f} 元")

# 绘制每个产品类别的销售金额条形图
# 设置字体为 SimHei，这是一个常用的中文字体
plt.rcParams['font.family'] = 'SimHei'
plt.figure(figsize=(10, 6))
plt.bar(category_sales['产品类别'], category_sales['销售金额'],
color='skyblue')
plt.title('每个产品类别销售金额')
plt.xlabel('产品类别')
plt.ylabel('销售金额（元）')
plt.xticks(rotation=45)
plt.show()

# 绘制每个城市的销售金额条形图
plt.figure(figsize=(10, 6))
plt.bar(city_sales['城市'], city_sales['销售金额'], color='salmon')
plt.title('每个城市销售金额')
plt.xlabel('城市')
plt.ylabel('销售金额（元）')
plt.xticks(rotation=45)
plt.show()

# 绘制所有订单的销售金额直方图
plt.figure(figsize=(10, 6))
```

```
    plt.hist(data['销售金额'], bins=10, color='lightgreen',
edgecolor='black')
    plt.title('所有订单销售金额')
    plt.xlabel('销售金额（元）')
    plt.ylabel('订单数量')
    plt.show()

    # 按月统计总销售金额，并绘制折线图
    # 将“订单日期”列转换为日期格式

    data['订单日期'] = pd.to_datetime(data['订单日期'])

    data['月份'] = data['订单日期'].dt.to_period('M')
    monthly_sales = data.groupby('月份')['销售金额'].sum().reset_index()
    # 将月份转换为字符串格式
    monthly_sales['月份'] = monthly_sales['月份'].astype(str)
    plt.figure(figsize=(12, 6))
    plt.plot(monthly_sales['月份'], monthly_sales['销售金额'], marker='o',
color='blue')
    plt.title('按月统计总销售金额')
    plt.xlabel('月份')
    plt.ylabel('销售金额（元）')
    plt.grid(True)
    plt.xticks(rotation=45)
    plt.show()
```

步骤 4：在 Python 3.10 的 IDLE Shell 中，执行“File”→“Save”命令，以文件名“analysis.py”保存在 D 盘根目录下，然后执行“Run”→“Run Module”命令（或者按“F5”键），运行程序，注意观察相应结果，如图 8-9 ～图 8-12 所示。

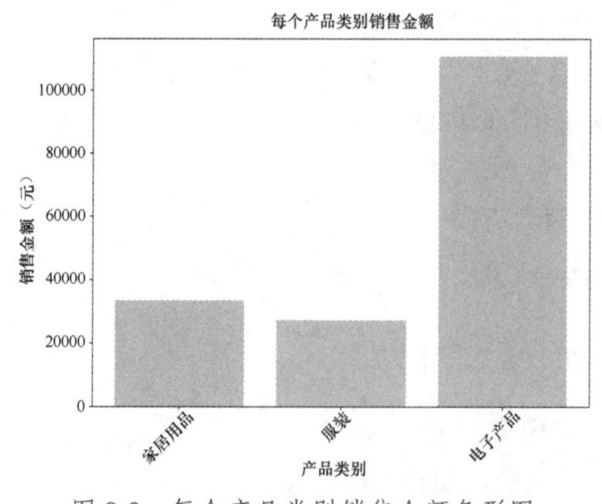

图 8-9　每个产品类别销售金额条形图

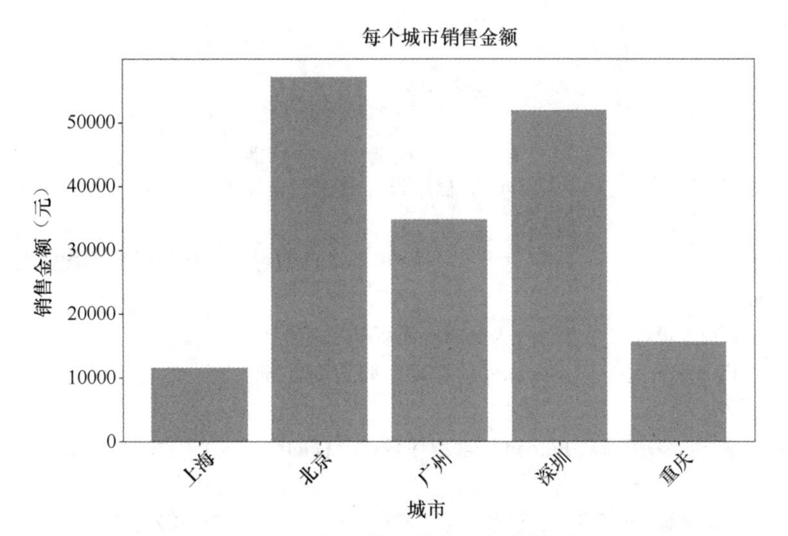

图 8-10　每个城市销售金额条形图

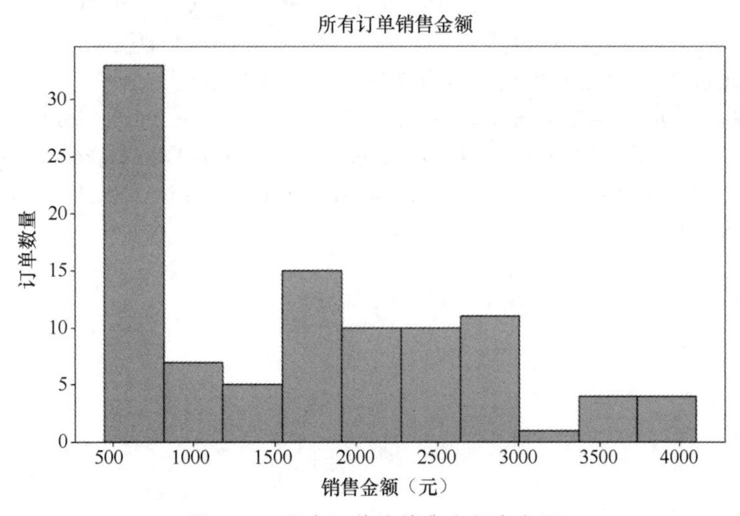

图 8-11　所有订单的销售金额直方图

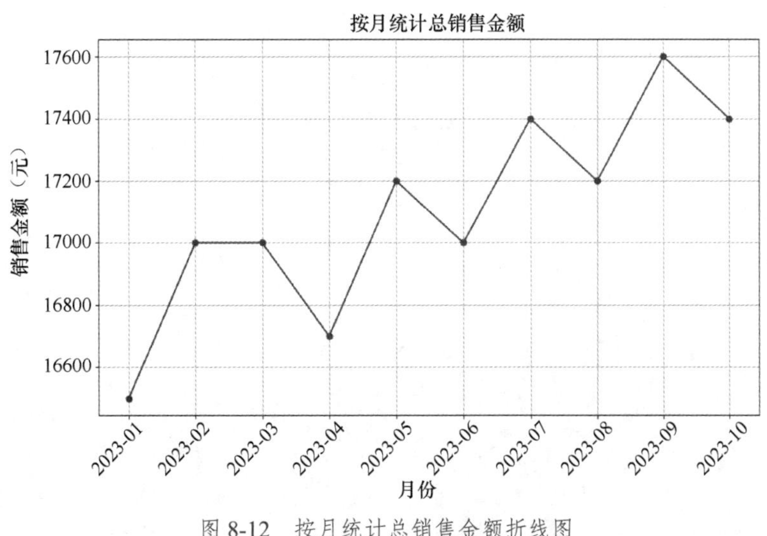

图 8-12　按月统计总销售金额折线图

参 考 文 献

[1] 魏冬梅, 王秀华, 王影等. 基于Python的程序设计通识课程建设与教学实践[J]. 计算机教育, 2019, 290(2): 69-73.

[2] 路龙宾, 王小银, 金小敏, 等. 工程思维引导的Python语言程序设计教学模式探索[J]. 计算机教育, 2022(3): 43-48.

[3] 林清滢. Python程序设计[M]. 北京: 人民邮电出版社, 2020.

[4] 刘雪琳, 章钰琪, 董爱国. 基于Python的物理实验数据处理系统设计与实现[J]. 实验技术与管理, 2021, 38 (3):74-78.

[5] 芦碧波, 孟祥龙, 袁婷婷, 等. Python语言程序设计课程的案例式实验教学[J]. 计算机教育, 2020(4): 80-83.

[6] 盛蒙蒙. Python程序设计课程综合实验案例分析[J]. 现代计算机, 2020(20): 70-73.

[7] 徐玉芳, 苏斌. Python语言特点及其机器学习中的应用[J]. 科技与信息, 2019(12): 142-142.

[8] 葛书荣. 基于Python语言编程特点及应用之探讨[J]. 网络安全技术与应用, 2021(10): 37-38.

[9] 高博, 刘冰, 李力. Python数据分析与可视化[M]. 北京: 北京大学出版社, 2020.

[10] 胡松涛. Python3网络爬虫实战[M]. 北京: 清华大学出版社, 2020.

[11] Putnam J .Python Web development with Django[J].Computing reviews, 2010, 51(6): p.330.

[12] Underwood J J , Kirchhoff C , Warwick H ,et al.Leveraging Python to Process Cross-Cultural Temperament Interviews: A Novel Platform for Text Analysis[J]. Journal of Cross-Cultural Psychology, 2020(5): 002202212090647.